国网河南省电力公司安全督查标准化工作手册

（远程督查分册）

国网河南省电力公司　编

图书在版编目（CIP）数据

国网河南省电力公司安全督查标准化工作手册．远程督查分册/国网河南省电力公司编．—北京：中国电力出版社，2023.11

ISBN 978-7-5198-8084-2

Ⅰ.①国…　Ⅱ.①国…　Ⅲ.①电力工业－工业企业管理－安全管理－中国－手册
Ⅳ.①TM08-62

中国国家版本馆 CIP 数据核字（2023）第 162436 号

出版发行：中国电力出版社
地　　址：北京市东城区北京站西街 19 号（邮政编码 100005）
网　　址：http://www.cepp.sgcc.com.cn
责任编辑：丁　钊（010-63412393）
责任校对：黄　蓓　常燕昆
装帧设计：张俊霞
责任印制：杨晓东

印　　刷：北京雁林吉兆印刷有限公司
版　　次：2023 年 11 月第一版
印　　次：2023 年 11 月北京第一次印刷
开　　本：710 毫米×1000 毫米　16 开本
印　　张：5.75
字　　数：85 千字
定　　价：38.00 元

编　委　会

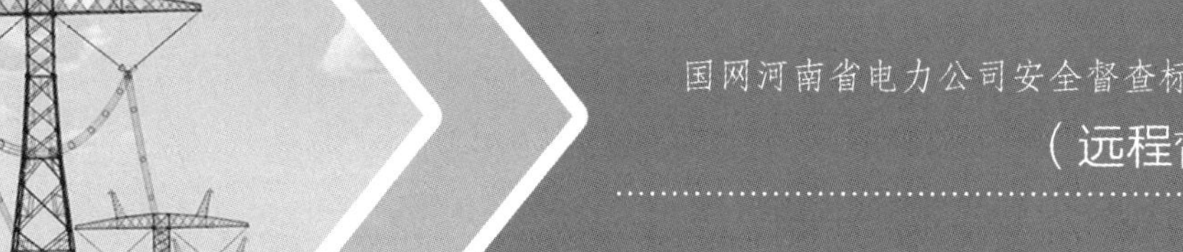

前言

为加强国网河南省电力公司（以下简称“公司”）各级安全督查中心管理，规范远程督查工作，有效遏制各类违章，防范安全事故，依据《国家电网公司安全工作规定》《国家电网公司安全生产反违章工作管理办法》《国家电网有限公司作业安全风险管控工作规定》《国家电网有限公司安全管控中心工作规范》《国家电网有限公司安全管控中心工作手册》等规章制度，公司安监部组织制定了本手册。

本手册所称安全督查是指公司各级安监部门、安全督查中心对所属单位各类作业现场开展的安全检查、违章查处、督促整改等安全监督检查工作。作业现场涵盖生产检修、基建工程、大修技改、营销作业、配（农）网工程、信息通信、产业单位承揽的客户工程等。

本手册由公司安全监察部负责解释并监督执行。

本手册自发布之日起执行。

目录

1 适用范围

本手册规定了安全督查工作目标、工作原则、工作组织、工作流程及配合总部安全督查等要求，指导各单位常态化开展作业现场安全督查及反违章工作。

本手册适用于各级安监部门、安全督查中心，各级安全督查人员均应熟悉本手册。

2 规范性引用文件

下列文件对于本手册的应用是必不可少的。凡是注日期的引用文件，仅所注日期的版本适用于本手册；凡是不注日期的引用文件，其最新版本适用于本手册。

《国家电网公司安全工作规定》(国家电网企管〔2014〕1117 号)

《国家电网公司安全生产反违章工作管理办法》(安监二〔2021〕26 号)

《国家电网有限公司作业安全风险管控工作规定》(安监二〔2021〕26 号)

《国家电网公司安全管控中心工作规范》(安监二〔2019〕60 号)

《国家电网有限公司现场安全督查工作规范》(安监二〔2019〕60 号)

《国家电网有限公司安全管控中心工作手册》(安监二〔2021〕17 号)

《国家电网公司现场安全督查工作手册》(安监二〔2021〕8 号)

《国家电网公司“四个管住”工作评价方案》(国网安委办〔2021〕12 号)

《国网安委办关于进一步加强反违章工作管理的通知》(国网安委办〔2022〕22 号)

《国网河南省电力公司安全生产反违章工作实施细则（2022 版)》(豫电安监〔2022〕170 号)

《国网河南省电力公司关于印发安全管控中心和安全督查队建设方案的通知》(豫电安监〔2020〕222 号)

《国网河南省电力公司安全管控中心工作细则》(豫电企协〔2020〕654 号)

《国网河南省电力公司加强安全督查和应急值班工作措施（试行)》(豫电安

监〔2022〕427号）

3　工作目标

规范各级安全督查中心管理和日常工作流程，依托安全风险管控监督平台，对作业现场开展全覆盖、无间断安全督查，实现作业风险管控和违章查处全流程线上管理，有效遏制各类违章，防范安全事故。

4　工作原则

（1）坚持全面覆盖原则。常态化开展远程安全督查，覆盖和管控各级单位、各类专业的作业现场。

（2）坚持分级督查原则。按照作业风险分级管控要求，分层分级开展远程安全督查。

（3）坚持重点管控原则。针对重大风险、重点工程、关键时段的作业，开展重点监控或专项安全督查。

（4）坚持专业协同原则。加强各专业工作协同，安全督查中心、安全督查队“远程＋现场”协同开展作业违章督查。

（5）坚持闭环督治原则。及时查纠现场作业中的苗头性、倾向性问题，闭环督促违章整改。

5　工作组织

5.1　组织体系

公司安全督查中心工作体系按照省、市、县三级进行设置，各级安监部门负责建设本级安全督查中心。

省级安全督查中心由公司安监部归口管理，国网河南电力科学研究院负责组织实施具体安全督查业务。市县安全督查中心由本单位安监部门归口管理，应急安全督查班承担具体安全督查业务。

各单位可根据工作实际，拓展安全督查组织体系，建设运行产业单位、专业部门等层级的安全督查中心。

5.2 工作职责

5.2.1 各级安监部门

统筹负责本级安全督查中心日常管理和评价考核，负责组织开展安全督查工作，为安全督查人员提供必要的督查条件。

5.2.2 国网河南电力科学研究院

负责公司安全督查中心的日常业务实施和组织管理，落实公司安监部关于远程督查和反违章的各项工作要求。

5.2.3 各级安全督查中心

负责按照“工作不停、监控不断”原则和《国网电网有限公司安全管控中心工作手册》，对作业现场开展远程督查，查处作业现场各类违章，做好违章记录和通报，并督促违章整改。负责定期统计、分析远程督查和违章情况，提出加强安全管理的意见和建议。负责对下级安全督查中心工作情况进行监督、指导和评价考核。

5.3 各级安全督查范围

（1）省级安全督查中心。负责重点督查二级及以上作业风险和五级电网风险作业，对三级作业风险现场进行抽查，比例不低于30%。对地市供电公司级单位每周至少远程抽查一次、对县供电公司级单位每月至少远程抽查一次。

（2）市级安全督查中心。负责督查本单位三级及以上作业风险和市供电公司直接管理的作业现场，并对县供电公司其他风险作业现场进行抽查，比例不低于 30%。对县供电公司级单位每周至少远程抽查一次。

（3）县级安全督查中心。负责督查所辖范围内所有作业现场。

（4）其他层级安全督查中心。各单位根据自身实际建立的产业、专业部门等层级安全督查中心应根据本单位具体安排，做好本专业范围内作业现场的远程督查工作。

5.4 人员要求

各级安全督查中心人员应按照“一人一档”的原则，建立人员资质、培训档案，所有值班人员应经本单位安监部培训考试合格、安全总监审核签字后方可上岗，上岗签字证明纳入个人档案，随时备查。本单位安全督查中心人员经考核合格后，应颁发加盖本单位安监部公章的上岗证，持证开展督查工作。上级安监部组织抽考、评价、备案，发现不合格人员立即更换。

6 工作流程

6.1 督查安排

6.1.1 基本要求

各级安全督查中心值班安排应遵循“工作不停、管控不断”的基本原则，值班时间原则上为工作日 8：30～17：30。重大节假日、重要时期、重要活动期间及其他必要时期，根据实际情况和工作需要开展值班。公司安全督查中心全年（含节假日）日间保持有人值班。各市级安全督查中心应保持工作日日间有人值班。

6.1.2 计划安排

（1）值班计划。各安全督查中心要合理安排每日值班人员力量，根据当日作业计划数量灵活调整在岗人员，于每周五前发布下周值班安排，在平台录入

下周值班计划，值班计划应明确每值值班长。如遇特殊原因需调整值班计划的，应至少提前一天修改值班计划。

（2）督查计划。各单位应根据平台录入的下周作业计划，按照“责任落实到人”的要求，做好督查计划安排，每周五下班前将下周督查计划（含领导班子到岗督查计划）报公司安全督查中心内网邮箱（模板见附录 A）。督查计划应经本单位安监部督查工作负责人签字并加盖安监部公章，各县供电公司督查计划应由所属市供电公司汇总后统一报送。考虑临时作业计划和作业计划执行变动影响，如需变更督查计划，每日报送督查日报时，在日报中对次日督查计划予以细化和变更。

6.1.3 早会会商

每日 9：00，各级安监部门要组织召开早会会商，听取本级安全督查中心工作汇报。主要内容包括：

（1）安全督查中心向本级安监部汇报上一个工作日违章查处、违章申诉情况，审核通过的予以撤销，审核不通过的发布违章整改通知单。

（2）安全督查中心对值班员的远程督查工作进行分配，明确要开展的督查任务和责任人员。安全督查中心和督查队就当日协同督查事项开展会商。

（3）通报上级最新指示和工作要求。

（4）确定需要协调解决的系统、平台及其他需要处理的问题。

6.2 督查准备

各级安全督查中心要熟练应用平台各项功能，凸显远程督查优势，掌握督查基本手段。

（1）视频巡察。基于安全风险管控监督平台，对全部作业或部分重点作业视频进行轮巡，重点管控现场行为，及时发现违章违规趋势，制止违章行为。

（2）重点检查。对重点作业现场开展盯守，了解作业内容，检查其过程资料，与现场开展远程视频连线，对作业现场进行全方位、全视界的细致检查。

（3）限时收取材料。根据风险监督平台作业计划信息，联系相关单位安全督查中心或工作负责人，限时令其提供相关材料，对其提供的材料进行审查。限时收取材料清单详见附录B。

（4）高风险作业前置督查。对全部二级及以上作业风险和五级电网风险开展开工前准备前置督查，重点检查开工前作业组织情况，按照附录C所列内容，提前一周收取有关材料并进行专项检查，及时纠正作业准备中存在的问题，从源头提升安全管理水平。

（5）电话问询。值班人员通过电话连线现场或安全督查中心，问询现场作业任务及内容、安全交底情况、安全管控措施及落实情况、作业票执行情况、人员管控情况、人员到位情况等。

6.3 督查实施

各级安全督查中心远程督查要以平台规范应用、现场安全管控、下级中心督导为核心内容，推进数字化安全管控落地、现场安全水平提升、督查中心体系良性运转。

6.3.1 督查重点

（1）计划内容。

1）计划录入完整性。根据各单位作业风险公示和电网风险公示，结合调度发布的停电计划、专业部门项目进度汇报等，核对检查各类作业计划是否录入风险监督平台，是否存在无计划作业等。

2）计划录入正确性。核对作业计划的基本信息是否填写正确。计划内容、计划时间是否与工作票一致；检查作业风险、电网风险是否存在定级错误等问题。

（2）计划执行。

1）视频设备使用。检查作业计划视频绑定和使用情况，是否存在布控球摆放不合理、蓄意遮挡等情况。若存在“应开未开、不见现场”等情况，及时通知现场工作负责人改进。

2）计划执行状态检查。对于作业计划的执行进行监督，督促现场工作负责

人及时在平台上进行开工、收工，避免计划实际执行状态与平台不符；重点检查工作票开、收工实际时间与平台计划开、收工时间的一致性，是否存在极短时间内完成作业计划全部流程的异常情况。

3）现场队伍资质核查。核对作业计划所列施工、监理、分包单位在平台准入信息是否正确完备且在有效期内，是否具备相应的施工资质。

（3）过程资料。

1）过程资料完整性。检查作业计划上传的过程资料是否齐全，是否符合上传要求等。

2）现场勘察记录重点检查。重点检查现勘察记录是否存在应进行未进行、参加人员不符合要求、内容漏写和错误、不符合现场实际等问题。

3）工作票重点检查。重点检查工作票（施工作业票）关键部分签字是否齐全、停电设备和带电部位是否清晰明确、安全措施布置是否满足工作要求等。

4）其他重点检查项目。采用材料限时收取的方式获得现场更加具体的施工安全管理材料，对施工方案（三措一案）、专业（劳务）分包合同、安全协议、特种设备或车辆租赁合同、特种作业人员资质证件、到岗到位记录、安全交底记录、工器具和施工机具检测记录等进行核对检查。

（4）队伍人员。

1）人员准入信息核查。对作业人员准入信息进行常态检查、核实，确保所有入场人员经过准入考试合格且成绩在有效期内。

2）特种作业人员资质核查。对作业现场的登高、电工、电焊等特种作业人员的特种作业证进行检查、核实。

3）特种设备作业人员资质核查。对作业现场的吊车、挖掘机等特种设备作业人员进行特种设备作业证进行检查、核实。

（5）作业现场。利用安全风险管控监督平台作业视频，对现场进行远程监督，查处各类行为违章、装置违章、管理违章。查处的违章应有确切的安全工作规程条文或各类安全管理规定条目支撑。各类作业现场查处重点见附录D，安全督查常用参考文件见附录E。

（6）下级安全督查中心检查。对下级安全督查中心督查工作质量、值班纪律等进行监督检查和评价考核。

1）督查工作质量。通过限时收取材料、平台数据统计等方式，检查下级安全督查中心日常运转情况、远程督查工作开展情况、数字化管控工作推进情况。可检查值班日志和周报是否齐备、查处违章是否进行通报和闭环整改等。

2）督查值班纪律。通过平台值班视频和电话问询等方式，对下级安全督查中心值班纪律进行检查，值班计划是否规范、值班监控视频是否对准工作区、值班电话是否畅通、工作时间是否有人值班、值班人员是否正常履责等。

3）工作要求落实。通过收取有关材料和电话问询等方式，检查对国家电网公司和公司各项要求的落实，包括但不限于节假日期间提级管控、领导班子到岗督查等。

6.3.2 督查工作流程

（1）每日安全督查中心值班长和当值值班员应参与本单位安监部早会会商，汇报违章查处和申诉情况、会商当日督查安排。

（2）每日 10：00 前，对于早会会商审核后确定下发的违章，应通过平台下发违章整改通知单，并电话通知有关单位（部门）；对于早会会商申诉通过的违章，及时在平台上处理申诉流程，并电话通知有关单位（部门）。

（3）值班人员根据每日值班计划安排，由值班长为当值值班员分配具体任务，重点开展各种形式的远程督查（方式参见“6.2.1 远程督查手段”），同时兼顾平台数据和应用规范性抽查、下级中心值班情况抽查等工作。

（4）值班人员根据值班长分配的工作任务开展值班工作。发现违章或问题时，立即电话通知工作负责人（或到岗到位人员）制止、纠正违章行为。对于发现严重违章、现场存在重大隐患的，应叫停现场施工。

（5）查处的所有违章应制作违章整改通知单（模板见附录 F），通知单应正确描述违章内容、明确违章条款。

（6）通过视频查处的严重违章、可能存在争议的一般违章、仅通过图片难以辨认的一般违章，在留存违章图像的同时，应同时保存违章录像。

（7）对于督查检查中发现的问题，不构成违章的，要建立台账，做好记录，有关问题纳入日、周报。

（8）每日下班前当值值班长应组织值班员开展违章整改通知单讨论和审核，

确保违章查处和违章整改通知单质量，同时组织制作本单位督查日报并上传平台。

6.3.3 异常处置

（1）若安全风险管控监督平台系统异常，造成无法正常实施远程督查工作的，应立即汇报公司安全督查中心，并联系平台运维组，在工作微信群内反馈。由公司安全督查中心向公司安监部汇报相关情况。

（2）若因督查中心网络异常、供电异常、疫情管控等因素，造成本单位安全督查中心暂时失去远程督查能力的，应立即汇报上级安全督查中心，采取加强现场督查、指定下级中心代行职能等方式补强督查工作。

6.3.4 值班纪律要求

（1）值班人员须着工作服，整齐统一，精神饱满，注意言行举止。

（2）值班期间禁止饮酒，值班期间不得擅自离开岗位，不得做与工作无关的事情。

（3）不得无故迟到、早退，严格落实“作业不停、监控不断”原则，若下班前仍有执行中的责任范围内作业计划，不得停止工作，离岗下班。

（4）开展远程督查业务联系，应通过值班录音电话进行，禁止使用个人电话联系值班业务。

（5）通过即时通信、内网邮件传输违章单等重要信息时，应通过值班录音电话进行通知确认。

（6）在接打值班电话时应先表明自己身份，规范用语（“你好，××安全督查中心×××，请讲。”），不得使用值班电话进行与业务无关的信息联络。

（7）督查值班人员不得发现违章行为不制止、不记录、不上报，不得利用职务之便擅自瞒报违章信息。

（8）应做好值班各项信息文档的收集归档工作，包括但不限于违章通知单、违章申诉单、日报、问题记录台账等。

（9）值班人员应遵守有关信息安全规定，不得混用内外网设备，确保内外网物理隔离，不得泄露监控平台的视频录像、违章照片等有关信息。

6.4 违章管理

6.4.1 违章申诉

公司安全督查中心查处违章的申诉流程如下，各单位应参照此模式，建立本单位的违章申诉机制。

（1）在接到违章整改通知单后，违章相关单位应组织对违章情况进行检查核实，如有申诉意见，应在收到《违章通知单》3 小时内反馈证明材料和《违章申诉单》至公司安全督查中心。其中，一般违章申诉单应由地市供电公司级专业管理部门、安监部门负责人签字盖章；严重违章申诉单应由地市供电公司级专业管理部门、安监部门负责人签字盖章，并经地市供电公司级专业分管领导签字；重复发生的严重违章申诉，应由地市供电公司级专业管理部门、安监部门负责人签字盖章，并经地市供电公司级主要负责人签字。

（2）违章申诉单和申诉材料模板见公司安全督查中心下发的违章整改通知单附件。

（3）违章申诉单和佐证材料应在安全风险管控监督平台上传，非特殊情况不进行线下发送。

（4）过期未反馈视为无异议。

（5）违章申诉单及申诉材料每日汇总，于次日 9：00 在早会会商向本级安监部汇报。

（6）申诉结果确定后，应及时通知下级安全督查中心（或有关业务部门），并在安全风险管控监督平台处理违章流程。

6.4.2 违章整改

(1)在违章确认或申诉失败后，各单位要及时组织违章的整改，一般违章于违章确认后三天内在平台上传整改反馈单；严重违章在违章确认后一周内在平台上传整改反馈单，并根据公司反违章工作要求向公司安监部报送有关材料。

（2）违章整改要遵循“四不放过”原则，即坚持违章原因未查清不放过，违章责任人员未处理不放过，违章整改措施未落实不放过，有关人员未受到教育不放过。

(3) 违章整改反馈应明确处罚、扣分、教育等情况，其中处罚标准应满足国家电网公司和公司有关要求，但不应层层加码。

(4) 各级安监部门应通过平台对整改反馈予以审核，不符合要求的退回重新整改。

(5) 各级安全督查中心应通过平台定期检查、统计违章整改情况，督促有关单位（部门）及时履行整改反馈工作。

(6) 各单位被查、自查的严重违章申诉、处置结果，应由本单位安全总监签字后存档。

(7) 各单位要根据反违章工作开展情况，建立班组违章计分台账，基于台账开展“无违章班组”创建工作。后续根据平台相关功能调整，做好线上班组违章计分管理工作。

6.5 分析通报

6.5.1 日报

每日督查工作结束后，安全督查中心值班长组织值班员汇总安全督查中心当日工作情况，按照附录 G 日报格式模板，完成日报编制。内容包括：计划执行总体情况、违章查处情况、下级单位检查情况等。日报经值班长审核后，于每日 17：00 前在平台“值班管理—值班计划”模块中上传。

公司安全督查中心根据数字化安全管控工作推进需要，每日通报计划编制和执行、到岗到位、现场督查、视频应用等方面情况。

6.5.2 周报

公司每周发布公司数字化安全管控工作周报，推进各单位平台规范应用和推广落实。定期发布反违章通报，通报一定周期内违章查纠情况。对于经过检查、复查确无违章的现场，予以通报表扬。

各单位要根据自身实际情况，每周进行总结梳理，分析督查运转情况、违章规律等，发布一期反违章工作通报。

6.5.3　月报

国网河南省电力科学研究院每月发布反违章工作情况通报，通报各单位、各层级违章查处数据、典型违章、下一步工作要求。

各单位要根据自身实际，每月开展月度违章分析、月度数字化安全管控情况分析，内容包括但不限于计划执行管控、违章查纠、典型违章、平台应用问题等。

6.5.4　专项分析报告

根据本单位安监部要求和工作实际，开展半年报、年报、违章专项分析、两票执行专项分析等报告编制，解决突出问题、突出矛盾，协助本单位安监部进一步提升安全管理水平。

7　总部督查工作配合

7.1　总部督查工作概述

（1）国家电网公司总部远程督查由总部远程督查组直接开展，或委派分部远程督查组代为开展。督查计划由总部督查组在每周五制订并报送总部安监部核准。总部安全督查组每周至少检查 10 家省电力公司，每个分部安全督查组每周至少检查 2 家省电力公司。

（2）总部远程督查通常采用基于风险监督平台检查、微信视频连线、限时收取材料三种方式开展。其中，基于风险监督平台检查是通过本地风险监督平台上传至总部风险监督平台的实时视频、作业过程资料、准入信息进行检查；微信视频连线是通过与现场工作负责人微信视频连线，对现场开展视频巡视；限时收取材料是通过微信下发资料收取清单，要求基层单位限时提供作业现场资料或督查中心（督查队）资料，限时通常为 1h。总部限时收取材料清单见附录 B。

7.2 总部督查迎检工作要求

7.2.1 现场配合

（1）作业现场工作负责人是作业现场迎检工作的第一责任人，在接到总部远程督查联系时，应切实做好配合，不得以任何理由搪塞、推诿。

（2）在做好总部远程督查配合工作的同时，应第一时间将受检信息报送至本单位安全督查中心。

（3）工作负责人在配合总部远程督查时，应确保作业现场安全。如有必要，应按照安规要求，临时指定人员代行职责。

7.2.2 管理协调

（1）各级督查中心在接到现场工作负责人受检汇报时，应第一时间逐级将受检情况汇报至公司安全督查中心，同时报告本单位安全总监、安监部、有关专业部门。

（2）涉及限时上报材料时，受检单位安监部应组织有关专业部门提前对材料进行审核，在保证上报时限要求的情况下，提高上报材料质量。

（3）公司安全督查中心在接到下级督查中心受检汇报后，在督查中心工作群内发布有关信息，其他各单位应提前做好受检准备。

（4）公司安全督查中心组建微信迎检工作群，用以协调、督促迎检和违章申诉工作。有关单位应在群内及时汇报迎检动向，微信群工作协调持续至总部违章单下发、申诉流程完成后。

7.2.3 总结和自查

（1）有关单位在作业现场完成迎检后，应组织编写迎检情况简报，记录迎检过程情况，包含但不限于作业计划详情、与总部微信聊天截图、与总部视频或语音沟通情况。迎检情况简报和上报总部的材料应报公司安全督查中心备案。

（2）在向国家电网公司总部上报材料后，有关单位安监部应继续组织专业部门对上报材料进行细致、全面的再核查，对于自查发现的问题，若存在申诉理由，提前筹备申诉材料。自查问题应及时在迎检工作群内报备。

（3）对于接受总部远程督查的现场，有关单位当天应立即组织开展一次到岗到位和安全督查，对作业现场开展再次检查，记录现场问题。对于发现的违章，及时录入平台并审核发布。

（4）公司安全督查中心要对总部督查的现场开展远程督查，对于上报的材料开展核查检查。对于发现违章而未被总部通报的，由公司安全督查中心下发违章整改通知单。

7.3 总部查处违章申诉要求

（1）公司安全督查中心接到总部远程督查组下发的“四个管住”问题整改通知单后，第一时间将违章整改通知单转发至违章单位安全督查中心，并汇报公司安监部。

（2）违章相关单位应在收到总部“四个管住”问题整改通知单后应立即组织对相关情况开展核实，若需申诉应征得公司相关专业管理部门同意，并于2小时内反馈证明材料和违章申诉单和督查问题反馈单至公司安全督查中心。其中，一般违章申诉单应由地市供电公司级专业管理部门、安监部门负责人签字盖章；严重违章申诉单应由地市供电公司级专业管理部门、安监部门负责人签字盖章，并经地市供电公司级专业分管领导签字；重复发生的严重违章申诉单，应由地市供电公司级专业管理部门、安监部门负责人签字盖章，并经地市供电公司级主要负责人签字。

（3）过期未反馈视为无异议。

（4）公司安监部协同有关专业部门对申诉材料进行审核，并组织申诉工作。

8 督查工作要求

安全督查中心是各单位反违章工作开展的主要力量，各级安监部门要组织好、应用好、发挥好督查中心力量，压紧压实督查责任，不断提升督查能力，细化规范工作流程，不断深化反违章工作，夯实公司安全生产基础。

（1）落实督查责任。各级安监部门要组织做好督查计划安排、督查过程管控、

督查结果审核，对于履责不到位的，按照《国网安委办关于进一步加强反违章工作管理的通知》（国网安委办〔2022〕22号）追究有关人员安全监督责任。

（2）强化督查能力。全体安全督查中心人员具有不断深入学习、提升自身反违章督查能力的基本义务。各级安监部门要组织好本单位安全督查中心人员的业务培训，定期开展授课、考试、考核。对于能力不合格的，要采取待岗学习、更换人员等措施，确保在岗人员业务水平过关，满足反违章工作要求。

（3）明确督查目的。各级安全督查中心要认真执行分层、分级、全覆盖的督查要求，以“提高作业现场安全水平、消除潜在安全隐患”为目的，聚焦作业现场，立足安全规程，所有问题要有规章依据，在做好违章查处和通报的同时，及时纠正现场存在的问题，必要时给予答疑宣讲，不能“查而不纠”。

（4）严守督查纪律。各级安全督查中心人员要严守职业操守和工作纪律，严禁只查不报、严禁吃拿卡要、严禁人情世故，坚持“宁要骂声、不要哭声”的理念，树立正确的工作态度，构建公平、公正、公开的工作方式，保障反违章工作的严肃性和客观性。

（5）严格考核评价。各级安监部门要建立对本级和下级安全督查中心的量化评价机制，采取正向激励与考核并重的方式，激发督查人员工作积极性，督导下级单位工作开展，查摆督查工作中存在的问题，不断改善、提升督查工作质效。

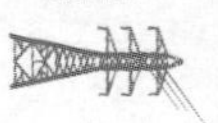

附录A 督 查 计 划

××公司第××周督查计划
（20××年×月×日～×月×日）

编制人及联系方式：
本单位安监部盖章：

序号	日期	计划编号	工作内容	计划类型	作业风险	电网风险	督查单位	督查机构	督查人员安排
1	×月×日						××市公司	督查中心	张三
2	×月×日						××县公司	督查队	李四
3	×月×日								

注 此表格应于每周五下班前，由各市级单位报送至公司安全督查中心内网邮箱（aqgkz×@ha. sgcc. com. cn）。督查计划应按天进行安排，与日计划对应，督查人员安排到人，每个作业现场远程督查时间不少于30分钟、现场督查时间不少于60分钟。对于本级督查后又被上级督察发现严重违章［详见《国网安委办关于进一步加强反违章工作管理的通知》（国网安委办〔2022〕22号）］，将根据督查计划倒追有关单位和督查人员责任。

××公司第××周领导班子到岗督查计划
（20××年×月×日～×月×日）

编制人及联系方式：
本单位安监部盖章：

序号	单位	日期	到岗督查领导安排	职位
1	××市供电公司	×月×日	张三	总经理
2	××县供电公司	×月×日	李四	副总经理
3				

注 此表格应于每周五下班前，由各市级单位报送至公司安全督查中心内网邮箱（aqgkz×@ha. sgcc. com. cn）。根据《国网河南省电力公司加强安全督查和应急值班工作措施（试行）》（豫电安监〔2022〕427号），各级单位每天应安排一名公司领导到安全督查中心开展远程督查，主要负责人每周至少安排1次，请按此要求做好领导班子到岗督查计划安排。

附录B 限时收取材料清单

作业现场需反馈的资料清单
(1小时提供)

序号	资料名称	资料类别
1	施工、监理、分包（含专业分包、劳务分包）、租赁合同及安全协议，项目部成立文件（业主、监理、施工），施工班组花名册	项目管理
2	变电作业现场所在变电站单线图，作业任务相关操作票（已执行纸质）	组织措施
3	现场勘察记录、作业票（工作票）及站班会记录、三措一案、专项施工方案	组织措施
4	高空人员、电工等特种作业证，起重机司机及指挥人员、绞磨机操作手、压接工等操作人员证件	人员准入
5	现场安全工器具、施工机具实物及检验标识（合格证）照片	机具状态
6	现场地锚、拉线、接地线等重要安措布置照片	安措布置
7	班前会、班后会、各级到岗到位照片及检查通知单、整改单等过程检查资料	交底检查
8	监理日志、检查通知单、整改单等过程检查资料，人员、施工机具报审记录	监理履责

安全督查中心需反馈的资料清单
(1小时提供)

序号	资料名称	资料类别
1	安全督查中心、安全督查队伍对该项作业的安全督查记录、违章整改要求、整改复查情况	违章管理
2	统计本作业现场各级到岗到位的人员信息（单位、职务、姓名、电话、到岗到位时间）和违章查处、整改情况	到岗到位
3	提供近一周日报，一个月的周报、月报、反违章工作通报、违章整改材料	运转情况
4	提供安全督查中心、安全督查队伍运转机制文件（成立文件、人员分工、规范制度等）	规章制度

附录C　高风险作业前置督查清单

二级作业风险督查资料清单

序号	范围	需要上传督查组资料	备注
1	计划管控	被督查作业项目的周作业计划、日作业计划，风险公示网站截图等相关记录，作业变更手续	
2		作业安全风险预警单（二级风险需提供）	
3		业主、监理、作业实施单位近期召开安全工作或风险管控会议相关记录（与该项工作相关）	
4	队伍管控	专业或劳务分包合同、安全协议、分包单位资质证书	
5		特种设备、特种车辆租赁合同、安全协议（含不在特种设备目录，但国家电网公司要求签订租赁合同和安全协议的设备）	
6	人员管控	附表列出“三种人”、三个项目部等关键人员的姓名、单位和在该项作业中的角色（角色例如工作负责人、施工项目部项目经理等）	
7		工作负责人、班组长、安全员、质检员、技术员的考试卷	
8		分包人员档案和培训考试、安全警示教育记录、安全准入记录	
9		起重机司机（含操作证、驾驶证、行驶证）、指挥、高处作业、熔化焊接与热切割、压接工及绞磨机操作手等需持证上岗人员的工作证件、准入记录	
10	现场管控	现场勘察记录、工作票（作业票含附件）、标准作业卡、一次设备接线图、安全交底记录	
11		三措一案、检修方案、专项施工方案、专项施工方案专家论证审核记录（涉及二级基建施工作业风险需提供）	
12		起重机械、特种车辆等报审记录和报审资料、检验检测报告、车辆行驶证、入场检查资料	
13		现场施工机具和安全工器具报审表及附件、检验检测报告、相关检查台账记录	
14		现场防疫措施、防火措施、安全文明设施照片	
15		在用的吊车吊钩、手扳葫芦、倒链、绝缘手套、靴子、杆塔作业工具、机动绞磨、卸扣、张牵设备等现场工具照片数张	
16		现场在用安全帽标识、安全带标识照片和安全工器具登记台账照片	
17		有限空间作业气体检测记录和通风、检测设备照片，倒闸操作票，高压试验现场安全措施的图片材料	
18		提供带有日期的正在监护现场的不同位置和角度的照片十张	
19		班前会、班后会、到岗到位监督、安全督查、视频监控记录	

注　1. 应提供含具体内容、可查看的完整版资料。

2. 未提供相关资料且未在备注栏作以说明的，按未开展此项工作。

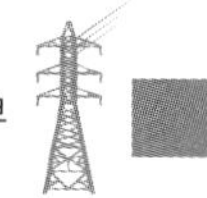

五级电网风险督查材料清单

序号	提供材料清单	备注
1	月度停电计划（正式文件），风险管控平台周作业计划、日作业计划	
2	周风险督查例会纪要等相关材料	
3	电网风险评估分析情况（含电网方式调整情况），本次风险所涉及的局域电网接线图、潮流图、重要用户情况	
4	相关施工（检修）方案、现场勘察记录、安全技术交底记录、工作票、倒闸操作票、调度检修工作票、调控操作指令票、二次安全措施票	
5	电网风险预警通知单（会签版）、反馈单、报告单、告知单及签收材料	
6	调度事故预案及相关演练情况	
7	设备运维保障方案、巡视记录、测温记录、保电设备的缺陷和隐患清单、特巡特护方案	
8	业主、施工、监理三个项目部成立文件，开工报审资料，分包合同，劳务合同和安全协议，分包单位资质和人员资格、准入情况，“三种人”名单（正式文件），特种设备、吊车等租赁合同和安全协议	
9	现场风险管控协调小组成立文件及现场履职情况，各级单位到岗到位计划及实际到岗到位佐证材料	
10	启动验收方案	
11	定值单、直流控保软件审批管理情况	
12	预防性试验、传动试验情况	

附录D 安全督查标准工作卡

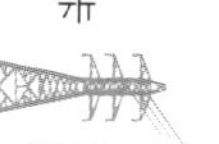

安全督查标准工作卡 1-1
（架空输电线路检修—高处作业）

督查项目	督查内容	督查依据	完成标记
高处作业	（1）查在5级及以上大风以及暴雨、雷电、冰雹、大雾、沙尘暴等恶劣天气下，是否停止露天高处作业	《国家电网公司电力安全工作规程　线路部分》（Q/GDW 1799.2—2013）第10.17条	
	（2）查高处作业是否使用全方位安全带，安全带的挂钩或绳子是否挂在结实牢固的构件上，是否采用高挂低用的方式	《国家电网公司电力安全工作规程　线路部分》（Q/GDW 1799.2—2013）第9.2.4、10.9条	
	（3）查高处作业人员在作业过程中安全带是否拴牢（两道保护），在转移作业位置时是否失去安全保护	《国家电网公司电力安全工作规程　线路部分》（Q/GDW 1799.2—2013）第10.10条	
	（4）查高处作业是否使用工具袋，较大的工具是否用绳拴在牢固的构件上，工件、边角余料是否放置在牢靠的地方或用铁丝扣牢并有防止坠落的措施	《国家电网公司电力安全工作规程　线路部分》（Q/GDW 1799.2—2013）第10.12条	
	（5）查在进行高处作业时，工作地点下面是否设有围栏或装设其他保护装置	《国家电网公司电力安全工作规程　线路部分》（Q/GDW 1799.2—2013）第10.13条	
	（6）查使用软梯、挂梯作业或用梯头进行移动作业时，软梯、挂梯或梯头上是否只准一人工作，在梯头工作和移动时是否将梯头的封口可靠封闭	《国家电网公司电力安全工作规程　线路部分》（Q/GDW 1799.2—2013）第10.20条	
	（7）查是否存在攀爬、踩踏复合绝缘子串等行为	《国家电网公司输变电工程安全文明施工标准化管理办法》[国网（基建/3）187—2019] 第十六条	

安全督查标准工作卡 1-2
（架空输电线路检修—起重作业）

督查项目	督查内容	督查依据	完成标记
起重作业	（1）查吊车、起重机械等，是否装设接地线，其截面是否大于16mm²	《国家电网公司电力安全工作规程　线路部分》（Q/GDW 1799.2—2013）第8.3.10、14.2.11.1条	
	（2）查起重使用的吊钩防脱钩装置是否完好，吊装带、钢丝绳（套）是否符合要求	《国家电网公司电力安全工作规程　线路部分》（Q/GDW 1799.2—2013）第14.2.9、14.2.10条；《国家电网有限公司电力建设安全工作规程　第2部分：线路》（Q/GDW 11957.2—2020）第7.2.15条	

续表

督查项目	督查内容	督查依据	完成标记
起重作业	（3）查起吊物件绑扎情况，若物件有棱角或特别光滑的部位时，在棱角和滑面与绳索（吊带）接触处是否加以包垫	《国家电网公司电力安全工作规程　线路部分》（Q/GDW 1799.2—2013）第11.1.7条	
	（4）查在起吊、牵引过程中，受力钢丝绳的周围、上下方、转向滑车内角侧、吊臂和起重物的下面，是否有人逗留和通过	《国家电网公司电力安全工作规程　线路部分》（Q/GDW 1799.2—2013）第11.1.8条	
	（5）查吊物上是否站人，作业人员是否利用吊钩来上升或下降	《国家电网公司电力安全工作规程　线路部分》（Q/GDW 1799.2—2013）第11.1.10条	
	（6）查两台及以上链条葫芦起吊同一重物时，重物的自重是否小于每台链条葫芦的允许起重量	《国家电网公司电力安全工作规程　线路部分》（Q/GDW 1799.2—2013）第14.2.8.2条	
	（7）查起重设备操作人员是否熟悉现场工作内容、安全措施等	《国家电网公司电力安全工作规程　线路部分》（Q/GDW 1799.2—2013）第11.1.4条	
	（8）查起重作业过程是否规范，是否先支腿后作业，是否吊物行走	《国家电网公司电力安全工作规程　线路部分》（Q/GDW 1799.2—2013）第14.2.11.4、14.2.11.7条	

安全督查标准工作卡 1-3

（架空输电线路检修—临近带电导线作业）

督查项目	督查内容	督查依据	完成标记
邻近带电导线作业	（1）查工作票中防误登杆塔措施是否完备、是否严格按照措施执行	《国家电网公司电力安全工作规程　线路部分》（Q/GDW 1799.2—2013）第8.3.5条	
	（2）查邻近带电作业时，是否使用绝缘无极绳索，是否设专人监护	《国家电网公司电力安全工作规程　线路部分》（Q/GDW 1799.2—2013）第8.1.1条	
	（3）查在杆塔上进行工作时，是否进入带电侧的横担，是否在该侧横担上放置物件	《国家电网公司电力安全工作规程　线路部分》（Q/GDW 1799.2—2013）第8.3.6条	
	（4）查放线或撤线、紧线时，是否采取防止导线或架空接地线由于摆（跳）动或其他原因而与带电导线接近至危险距离以内的措施	《国家电网公司电力安全工作规程　线路部分》（Q/GDW 1799.2—2013）第8.3.9条	

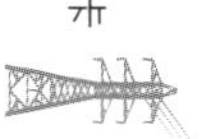

安全督查标准工作卡 1-4
（架空输电线路检修—带电作业）

督查项目	督查内容	督查依据	完成标记
带电作业	（1）查带电作业是否按规定履行审批手续，作业环境、条件是否符合要求	《国家电网公司电力安全工作规程　线路部分》（Q/GDW 1799.2—2013）第 13.1.1、13.1.2、13.1.3 条	
	（2）查带电作业人员是否经过专门培训并取得资格，是否设置专责监护人	《国家电网公司电力安全工作规程　线路部分》（Q/GDW 1799.2—2013）第 13.1.4、13.1.5 条	
	（3）查作业人员与带电体间的安全距离是否符合规定	《国家电网公司电力安全工作规程　线路部分》（Q/GDW 1799.2—2013）第 13.2.1、13.3.3、13.3.4 条	
	（4）查带电作业工具绝缘有效长度是否符合规定，使用是否规范	《国家电网公司电力安全工作规程　线路部分》（Q/GDW 1799.2—2013）第 13.2.2、13.2.3、13.11 条	

安全督查标准工作卡 1-5
（架空输电线路检修—焊接、切割作业）

督查项目	督查内容	督查依据	完成标记
焊接、切割作业	（1）查运输气瓶时，气瓶是否顺车厢纵向放置，氧气瓶是否与乙炔瓶、易燃物品等混装运输	《国家电网公司电力安全工作规程　线路部分》（Q/GDW 1799.2—2013）第 16.5.8、16.5.9 条	
	（2）查使用中的氧气瓶和乙炔气瓶是否规范放置	《国家电网公司电力安全工作规程　线路部分》（Q/GDW 1799.2—2013）第 16.5.11 条	
	（3）查是否在带电设备上进行焊接，特殊情况下需要在带电设备上进行焊接时，是否采取完备的安全措施并经本单位批准	《国家电网公司电力安全工作规程　线路部分》（Q/GDW 1799.2—2013）第 16.5.1 条	
	（4）查是否在油漆未干的物体上焊接，是否在风力超过 5 级及下雨雪时进行露天焊接、切割作业	《国家电网公司电力安全工作规程　线路部分》（Q/GDW 1799.2—2013）第 16.5.2、16.5.4 条	

安全督查标准工作卡 1-6
（架空输电线路检修—砍剪树木）

督查项目	督查内容	督查依据	完成标记
砍剪树木	（1）查砍剪树木是否专人监护，城区、人口密集区是否设置围栏	《国家电网公司电力安全工作规程　线路部分》（Q/GDW 1799.2—2013）第 7.4.3 条	
	（2）查是否使用绳索将树木拉向与导线相反的方向，砍剪山坡树木是否做好防止树木向下弹跳接近导线的措施	《国家电网公司电力安全工作规程　线路部分》（Q/GDW 1799.2—2013）第 7.4.3 条	
	（3）查风力超过 5 级时，是否砍剪高出或接近导线的树木	《国家电网公司电力安全工作规程　线路部分》（Q/GDW 1799.2—2013）第 7.4.5 条	
	（4）查使用油锯和电锯作业时，是否由熟悉机械性能和操作方法的人员操作	《国家电网公司电力安全工作规程　线路部分》（Q/GDW 1799.2—2013）第 7.4.6 条	

安全督查标准工作卡 2-1
（电缆检修—通用）

督查项目	督查内容	督查依据	完成标记
电缆检修	（1）查非开挖的通道，是否与地下各种管线及设施保持足够的安全距离	《国家电网公司电力安全工作规程　线路部分》（Q/GDW 1799.2—2013）第 15.2.1.18 条	
	（2）查电缆井井盖、电缆沟盖板等开启后是否设置标准路栏，是否派人看守	《国家电网公司电力安全工作规程　线路部分》（Q/GDW 1799.2—2013）第 15.2.1.11 条	
	（3）查作业人员撤离电缆井或隧道后，是否立即将井盖盖好	《国家电网公司电力安全工作规程　线路部分》（Q/GDW 1799.2—2013）第 15.2.1.11 条	
	（4）查电缆井内工作时，是否只打开一只井盖（单眼井除外）	《国家电网公司电力安全工作规程　线路部分》（Q/GDW 1799.2—2013）第 15.2.1.12 条	
	（5）查电缆隧道是否有充足的照明，是否有防火、防水、通风措施	《国家电网公司电力安全工作规程　线路部分》（Q/GDW 1799.2—2013）第 15.2.1.12 条	
	（6）查进入电缆井、电缆隧道前是否采取防止人员中毒、窒息的安全措施，是否有气体检测记录	《国家电网公司电力安全工作规程　线路部分》（Q/GDW 1799.2—2013）第 15.2.1.12 条	

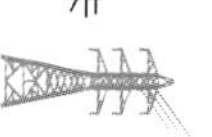

安全督查标准工作卡 2-2
（电缆检修—电缆敷设）

督查项目	督查内容	督查依据	完成标记
电缆敷设	（1）查电缆敷设时是否有专人指挥，并保持通信畅通	《国家电网有限公司电力建设安全工作规程　第 2 部分：线路》(Q/GDW 11957.2—2020）第 14.2.4	
	（2）查电缆放线架是否放置牢固平稳，电缆盘有无可靠的制动措施	《国家电网有限公司电力建设安全工作规程　第 2 部分：线路》(Q/GDW 11957.2—2020）第 14.2.7	
	（3）查电缆通过孔洞、管子或楼板时，两侧是否设专人监护	《国家电网有限公司电力建设安全工作规程　第 2 部分：线路》(Q/GDW 11957.2—2020）第 14.2.14 条	
	（4）查用输送机敷设电缆时，所有敷设设备是否固定牢固，作业人员是否遵守有关操作规程，并站在安全位置	《国家电网有限公司电力建设安全工作规程　第 2 部分：线路》(Q/GDW 11957.2—2020）第 14.2.12 条	
	（5）查用滑轮敷设电缆时，作业人员是否站在滑轮前进方向，在滑轮滚动时是否用手搬动滑轮	《国家电网有限公司电力建设安全工作规程　第 2 部分：线路》(Q/GDW 11957.2—2020）第 14.2.13 条	

安全督查标准工作卡 2-3
（电缆检修—电缆终端作业）

督查项目	督查内容	督查依据	完成标记
电缆终端作业	（1）查在电缆终端施工区域下方是否设置围栏或采取其他保护措施，是否有无关人员在作业地点下方通行或逗留	《国家电网有限公司电力建设安全工作规程　第 2 部分：线路》(Q/GDW 11957.2—2020）第 14.3.2 条	
	（2）查工井内进行电缆中间接头安装时，压力容器是否摆放在井口位置，是否远离明火作业区域	《国家电网有限公司电力建设安全工作规程　第 2 部分：线路》(Q/GDW 11957.2—2020）第 14.3.6 条	
	（3）查使用携带型火炉或喷灯时，火焰与带电部分的安全距离是否符合要求	《国家电网有限公司电力建设安全工作规程　第 2 部分：线路》(Q/GDW 11957.2—2020）第 14.3.8 条	

安全督查标准工作卡 2-4
（电缆检修—电缆试验）

督查项目	督查内容	督查依据	完成标记
电缆试验	（1）查耐压试验前，被试电缆两端安全措施是否完备	《国家电网有限公司电力建设安全工作规程　第 2 部分：线路》(Q/GDW 11957.2—2020）第 14.4.1 条	
	（2）查试验过程更换试验引线时，作业人员是否戴绝缘手套	《国家电网有限公司电力建设安全工作规程　第 2 部分：线路》(Q/GDW 11957.2—2020）第 14.4.4 条	
	（3）查电缆耐压试验分相进行时，另外两相是否可靠接地	《国家电网有限公司电力建设安全工作规程　第 2 部分：线路》(Q/GDW 11957.2—2020）第 14.4.5 条	
	（4）查遇有雷雨及五级以上大风时是否停止户外高压试验	《国家电网有限公司电力建设安全工作规程　第 2 部分：线路》(Q/GDW 11957.2—2020）第 14.4.9 条	

安全督查标准工作卡 3-1
（变电检修——次检修作业）

督查项目	督查内容	督查依据	完成标记
一次检修作业	（1）查检修设备各侧是否可靠接地，是否在接地线保护范围内	《国家电网公司电力安全工作规程　变电部分》（Q/GDW 1799.1—2013）第 7.4.3 条	
	（2）查作业人员是否采取防护措施（SF_6 设备解体作业，SF_6 补气、放气时）	《国家电网公司电力安全工作规程　变电部分》（Q/GDW 1799.1—2013）第 11 条	
	（3）查远方控制回路是否全部断开（断路器、隔离开关检修时）	《国家电网公司电力安全工作规程　变电部分》（Q/GDW 1799.1—2013）第 7.2.3 条	
	（4）查禁止操作的隔离开关、断路器、检修人员出入口、工作地点、禁登设备及危险工作点是否设有安全标志	《国家电网公司电力安全工作规程　变电部分》（Q/GDW 1799.1—2013）第 7.5 条	
	（5）查开关柜内上、下触头任一侧带电，是否采取禁止打开柜门的安全措施	《国家电网公司电力安全工作规程　变电部分》（Q/GDW 1799.1—2013）第 7.5.4 条	

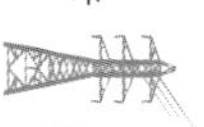

续表

督查项目	督查内容	督查依据	完成标记
一次检修作业	（6）查检修户外设备有感应电风险时，是否使用个人保安线或临时接地线	《国家电网公司电力安全工作规程　变电部分》（Q/GDW 1799.1—2013）第 7.4.4 条	
	（7）查高压电缆、电容器等容性设备试验过程中，更换试验引线时，是否先对设备充分放电，作业人员是否戴好绝缘手套	《国家电网公司电力安全工作规程　变电部分》（Q/GDW 1799.1—2013）第 15.2.2.4 条	
	（8）查带电设备周围是否使用钢卷尺、金属梯等禁止使用的工器具	《国家电网公司电力安全工作规程　变电部分》（Q/GDW 1799.1—2013）第 16.1.8、16.1.10 条 《国家电网公司电力安全工作规程（水电厂动力部分）》第 15.6.22 条	
	（9）查是否存在擅自开启高压开关柜门、检修小窗，擅自移动绝缘挡板行为	《国家电网公司电力安全工作规程　变电部分》（Q/GDW 1799.1—2013）第 7.5.4 条 《国家电网公司电力安全工作规程　线路部分》（Q/GDW 1799.2—2013）第 7.1.5 条	

安全督查标准工作卡 3-2
（变电检修—电气试验）

督查项目	督查内容	督查依据	完成标记
电气试验	（1）查试验装置的金属外壳是否可靠接地，是否采用专用高压试验线，是否使用绝缘物支撑固定	《国家电网公司电力安全工作规程　变电部分》（Q/GDW 1799.1—2013）第 14.1.4 条	
	（2）查试验现场是否规范设置遮栏或围栏。被试设备两端不在同一地点时，另一端是否派人看守	《国家电网公司电力安全工作规程　变电部分》（Q/GDW 1799.1—2013）第 14.1.5 条	
	（3）查加压过程中是否有人监护并呼唱，操作人是否站在绝缘垫上	《国家电网公司电力安全工作规程　变电部分》（Q/GDW 1799.1—2013）第 14.1.6 条	
	（4）查变更接线或试验结束时，是否首先断开试验电源、放电，并将升压设备的高压部分放电、短路接地	《国家电网公司电力安全工作规程　变电部分》（Q/GDW 1799.1—2013）第 14.1.7 条	

安全督查标准工作卡 3-3
（变电检修—高处作业）

督查项目	督查内容	督查依据	完成标记
高处作业	（1）查在 5 级及以上的大风以及暴雨、雷电、冰雹、大雾、沙尘暴等恶劣天气下的工作现场是否停止露天高处作业	《国家电网公司电力安全工作规程　变电部分》（Q/GDW 1799.1—2013）第 18.1.16 条	
	（2）查高处作业人员是否正确使用全方位安全带（作业时两道保护），在转移作业位置时是否失去安全保护	《国家电网公司电力安全工作规程　变电部分》（Q/GDW 1799.1—2013）第 18.1.9 条	
	（3）查安全带的挂钩或绳子是否挂在结实牢固的构件上，或专为挂安全带用的钢丝绳上，是否采用高挂低用的方式	《国家电网公司电力安全工作规程　变电部分》（Q/GDW 1799.1—2013）第 18.1.8 条	
	（4）查绝缘梯是否合格，使用是否规范	《国家电网公司电力安全工作规程　变电部分》（Q/GDW 1799.1—2013）第 18.2 条	
	（5）查作业人员上下脚手架是否走斜道或梯子（禁止沿脚手杆或栏杆等攀爬）	《国家电网公司电力安全工作规程　变电部分》（Q/GDW 1799.1—2013）第 18.1.10 条	

安全督查标准工作卡 3-4
（变电检修—起重作业）

督查项目	督查内容	督查依据	完成标记
起重作业	（1）查遇有 6 级以上大风时，是否开展露天起重工作	《国家电网公司电力安全工作规程　变电部分》（Q/GDW 1799.1—2013）第 17.1.7 条	
	（2）查遇有大雾、照明不足、指挥人员看不清各工作地点或起重机操作人员未获有效指挥时，是否开展起重作业	《国家电网公司电力安全工作规程　变电部分》（Q/GDW 1799.1—2013）第 17.1.8 条	
	（3）查起重物件是否绑扎牢固，工作负荷是否超过铭牌规定，起重搬运时是否由专人统一指挥	《国家电网公司电力安全工作规程　变电部分》（Q/GDW 1799.1—2013）第 17.1.3、17.1.4、17.2.1.4 条	
	（4）查在带电设备区域内使用汽车吊、斗臂车时，汽车车身是否使用不小于 $16mm^2$ 的软铜线可靠接地	《国家电网公司电力安全工作规程　变电部分》（Q/GDW 1799.1—2013）第 17.2.3.1 条	

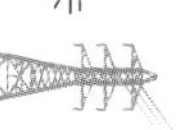

续表

督查项目	督查内容	督查依据	完成标记
起重作业	（5）查起重使用的吊钩防脱钩装置是否完好，吊装带、钢丝绳（套）等起重工器具是否符合要求	《国家电网公司电力安全工作规程　变电部分》（Q/GDW 1799.1—2013）第 17.3 条	
	（6）查起重机上是否备有合格灭火装置，驾驶室内是否铺橡胶绝缘垫（禁止存放易燃物品）	《国家电网公司电力安全工作规程　变电部分》（Q/GDW 1799.1—2013）第 17.2.1.2 条	

安全督查标准工作卡 3-5
（变电检修—动火作业）

督查项目	督查内容	督查依据	完成标记
动火作业	（1）查焊接切割、喷灯、电钻、砂轮等动火现场是否正确使用变电站一、二级动火工作票	《国家电网公司电力安全工作规程　变电部分》（Q/GDW 1799.1—2013）第 16.6.2、16.6.3 条	
	（2）查动火作业是否设专人监护并备有必要的消防器材	《国家电网公司电力安全工作规程　变电部分》（Q/GDW 1799.1—2013）第 16.6.10.5 条	
	（3）查动火作业后是否及时清理现场并消除残留火种	《国家电网公司电力安全工作规程　变电部分》（Q/GDW 1799.1—2013）第 16.6.12 条	
	（4）查风力超过 5 级时，是否露天进行焊接或切割工作	《国家电网公司电力安全工作规程　变电部分》（Q/GDW 1799.1—2013）第 16.6.10.8 条	
	（5）查使用中的氧气瓶和乙炔气瓶的放置是否规范	《国家电网公司电力安全工作规程　变电部分》（Q/GDW 1799.1—2013）第 16.5.11 条	
	（6）查是否存在“在易燃易爆或禁火区域携带火种、使用明火、吸烟”“未采取防火等安全措施在易燃物品上方进行焊接，下方无监护人。”的违规行为	《国家电网有限公司电力建设安全工作规程（第 2 部分：线路）》第 6.1.6、7.3.1.9、7.3.1.12 条 《国家电网公司电力安全工作规程（水电厂动力部分）》第 5.7.10 g、16.1.6 条 《中华人民共和国消防法》第二十一条	
	（7）动火作业前，是否清除动火现场及周围的易燃物品	《国家电网有限公司电力建设安全工作规程（第 1 部分：变电）》第 16.6.10.5 条 《国家电网公司电力安全工作规程（水电厂动力部分）》第 5.7.10 i 条	

安全督查标准工作卡 3-6
（变电检修—防误闭锁）

督查项目	督查内容	督查依据	完成标记
防误闭锁	（1）查电气设备防误操作闭锁装置是否完善，防误装置运行状况是否良好	《国家电网有限公司防止电气误操作安全管理规定》（国家电网安监〔2018〕1119号）第3.1.2.7条	
	（2）查是否有一次系统模拟图或电子接线图，是否与现场相符	《国家电网有限公司防止电气误操作安全管理规定》（国家电网安监〔2018〕1119号）第3.1.2.3条	
	（3）查防误系统电气接线图中的断路器、隔离开关等设备运行状态是否与现场实际设备一致	《国网设备部关于切实加强防止变电站电气误操作运维管理工作的通知》（设备变电〔2018〕51号）第一部分第二项第4条	
	（4）查操作人员和检修人员是否擅自使用解锁工具（钥匙），解锁工具（钥匙）使用后是否及时封存并做好记录	《国家电网公司电力安全工作规程　变电部分》（Q/GDW 1799.1—2013）第5.3.6.5条	
	（5）查防误主机的交流电源是否为不间断供电电源	《国家电网有限公司防止电气误操作安全管理规定》（国家电网安监〔2018〕1119号）第4.3.5条	

安全督查标准工作卡 3-7
（变电检修—临时用电）

督查项目	督查内容	督查依据	完成标记
临时用电	（1）查检修动力电源箱的支路开关是否加装剩余电流动作保护器	《国家电网公司电力安全工作规程　变电部分》（Q/GDW 1799.1—2013）第16.3.5条	
	（2）查试验用闸刀是否有熔丝并带罩，被检修设备及试验仪器是否从运行设备上直接取试验电源，熔丝配合是否适当	《国家电网公司电力安全工作规程　变电部分》（Q/GDW 1799.1—2013）第13.18条	
	（3）查移动电源、移动式电动机械、手持电动工具电源线与电源系统是否匹配	《国家电网公司电力安全工作规程　变电部分》（Q/GDW 1799.1—2013）第16.4.2.7条	

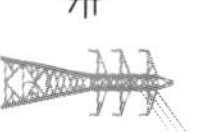

安全督查标准工作卡 3-8
（变电检修—有限空间作业）

督查项目	督查内容	督查依据	完成标记
有限空间作业	（1）查电缆隧道是否有充足的照明，并有防火、防水、通风措施	《国家电网公司电力安全工作规程　变电部分》（Q/GDW 1799.1—2013）第 15.2.1.11 条	
	（2）查进入电缆井、电缆隧道等有限空间前，是否“先通风、再检测、后作业”	《国家电网公司电力安全工作规程　变电部分》（Q/GDW 1799.1—2013）第 15.2.1.11 条	
	（3）查电缆井、隧道内工作时，通风设备是否保持常开。在通风条件不良的电缆隧（沟）道内进行长距离巡视时，作业人员是否携带便携式有害气体测试仪及自救呼吸器	《国家电网公司电力安全工作规程　变电部分》（Q/GDW 1799.1—2013）第 15.2.1.11 条	

安全督查标准工作卡 3-9
（变电检修—二次检修）

督查项目	督查内容	督查依据	完成标记
二次回路作业	（1）查是否正确使用二次工作安全措施票，安全措施是否完备，与现场是否一致	《国家电网公司电力安全工作规程　变电部分》（Q/GDW 1799.1—2013）第 13.3、13.4 条	
	（2）查在全部或部分带电的运行屏（柜）上进行工作时，是否将检修设备与运行设备以明显的标志隔开	《国家电网公司电力安全工作规程　变电部分》（Q/GDW 1799.1—2013）第 13.8 条	
	（3）查电流互感器和电压互感器的二次绕组是否规范接地	《国家电网公司电力安全工作规程　变电部分》（Q/GDW 1799.1—2013）第 13.12 条	
	（4）查带电的电压互感器、电流互感器二次回路上的工作，是否采取防止开路、短路的安全措施	《国家电网公司电力安全工作规程　变电部分》（Q/GDW 1799.1—2013）第 13.13、13.14 条	
	（5）查清扫运行设备和二次回路时，是否使用绝缘工具，外漏的导电部分是否采取绝缘措施	《国家电网公司电力安全工作规程　变电部分》（Q/GDW 1799.1—2013）第 13.10、12.4.2 条	
	（6）查保护传动是否通知相关人员，是否派人到现场监视	《国家电网公司电力安全工作规程　变电部分》（Q/GDW 1799.1—2013）第 13.11 条	

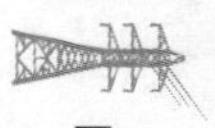

续表

督查项目	督查内容	督查依据	完成标记
二次回路作业	（7）查在光纤回路上工作时，是否采取防止激光对人眼造成伤害的防护措施	《国家电网公司电力安全工作规程　变电部分》（Q/GDW 1799.1—2013）第 13.16 条	
	（8）查智能变电站一次设备停役时，相关 SV、GOOSE 连接片是否确已退出	《继电保护和电网安全自动装置检验规程》(DL/T 995—2016）第 6.3.5.7.1 条	
	（9）查开启二次电缆沟盖板后，是否正确设置围栏并有人看守	《国家电网公司电力安全工作规程　变电部分》（Q/GDW 1799.1—2013）第 15.2.1.10 条	

安全督查标准工作卡 4-1
（直流检修—换流变作业）

督查项目	督查内容	督查依据	完成标记
换流变作业	（1）查阀厅内高压穿墙套管试验前是否通知阀厅外换流变压器上无关人员撤离，是否确认其余绕组已经可靠接地，是否派专人监护	《国家电网公司电力安全工作规程　变电部分》（Q/GDW 1799.1—2013）第 14.5.4 条	
	（2）查换流变压器高压试验前是否通知阀厅内高压穿墙套管侧无关人员撤离，阀厅内是否有人监护	《国家电网公司电力安全工作规程　变电部分》（Q/GDW 1799.1—2013）第 14.5.3 条	
	（3）查更换冷却器风扇前是否切断电源	《国家电网公司直流换流站检修管理规定　第 1 分册　换流变压器检修细则》第 3.4.5.1 条	

安全督查标准工作卡 4-2
（直流检修—换流阀作业）

督查项目	督查内容	督查依据	完成标记
换流阀作业	（1）查进入阀体前是否取下安全帽及安全带上的保险钩	《国家电网公司电力安全工作规程　变电部分》（Q/GDW 1799.1—2013）第 18.3.1 条	
	（2）查阀厅作业车工作时是否可靠接地	《国家电网公司电力安全工作规程　变电部分》（Q/GDW 1799.1—2013）第 18.3.1 条	

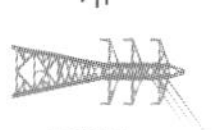

续表

督查项目	督查内容	督查依据	完成标记
换流阀作业	（3）查阀体工作时工作人员是否坐在阀体工作层的边缘	《国家电网公司电力安全工作规程　变电部分》（Q/GDW 1799.1—2013）第 18.3.2 条	
	（4）查阀厅内工作（除巡视通道）时，阀厅是否已转检修	《国家电网公司电力安全工作规程　变电部分》（Q/GDW 1799.1—2013）第 5.1.12 条	
	（5）查晶闸管试验时，与试验带电体距离是否大于 0.7m	《国家电网公司电力安全工作规程　变电部分》（Q/GDW 1799.1—2013）第 14.5.1 条	
	（6）查地面加压人员与阀体层作业人员是否通过对讲机保持联系，阀体工作层是否设专责监护人，加压过程中是否有人监护并呼唱	《国家电网公司电力安全工作规程　变电部分》（Q/GDW 1799.1—2013）第 14.5.2 条	

安全督查标准工作卡 4-3
（直流检修—调相机作业）

督查项目	督查内容	督查依据	完成标记
调相机作业	（1）查换碳刷时是否扣紧袖口，发辫是否放在帽内并站在绝缘垫上	《国家电网公司电力安全工作规程　变电部分》（Q/GDW 1799.1—2013）第 10.6 条	
	（2）查工作人员是否在转动中的电动机的接地线上进行工作	《国家电网公司电力安全工作规程　变电部分》（Q/GDW 1799.1—2013）第 10.10 条	
	（3）查工作人员是否在转动着的发电机、同期调相机的回路上工作，是否用手触摸高压绕组	《国家电网公司电力安全工作规程　变电部分》（Q/GDW 1799.1—2013）第 10.4 条	
	（4）查工作时是否站在绝缘垫上（该绝缘垫为常设固定型绝缘垫），是否同时接触两极或一极与接地部分，是否两人同时进行工作	《国家电网公司电力安全工作规程　变电部分》（Q/GDW 1799.1—2013）第 10.6 条	
	（5）查调相机检修工作是否在三相出口处装设接地线	《国家电网公司电力安全工作规程　变电部分》（Q/GDW 1799.1—2013）第 10.3 条	
	（6）查装有可以堵塞机内空气流通的自动闸板风门的检修机组，是否采取保证使风门不能关闭，以防窒息的措施	《国家电网公司电力安全工作规程　变电部分》（Q/GDW 1799.1—2013）第 10.3 条	

安全督查标准工作卡 4-4
（直流检修—运维作业）

督查项目	督查内容	督查依据	完成标记
运维作业	（1）查换流站直流系统是否采用程序操作（若程序操作不成功，在查明原因并经值班调控人员许可后可进行遥控步进操作）	《国家电网公司电力安全工作规程　变电部分》（Q/GDW 1799.1—2013）第5.3.6.8条	
	（2）查同一直流系统两端换流站间发生系统通信故障时，是否听取值班调控人员的指令配合执行	《国家电网公司电力安全工作规程　变电部分》（Q/GDW 1799.1—2013）第5.3.6.15条	
	（3）查双极直流输电系统单极停运检修时，是否进行双极公共区域设备等操作	《国家电网公司电力安全工作规程　变电部分》（Q/GDW 1799.1—2013）第5.3.6.16条	
	（4）查直流系统升降功率前是否确认功率设定值小于当前系统允许的最小功率或超过最大值	《国家电网公司电力安全工作规程　变电部分》（Q/GDW 1799.1—2013）第5.3.6.17条	
	（5）查手动切除交流滤波器（并联电容器）前，是否检查系统有足够的备用容量	《国家电网公司电力安全工作规程　变电部分》（Q/GDW 1799.1—2013）第5.3.6.18条	
	（6）查交流滤波器（并联电容器）退出运行后再次投入运行前是否留有充分放电时间	《国家电网公司电力安全工作规程　变电部分》（Q/GDW 1799.1—2013）第5.3.6.19条	

安全督查标准工作卡 5-1
（配电线路检修—架空线路检修）

督查项目	督查内容	督查依据	完成标记
架空线路检修	（1）查居民区和交通道路附近立、撤杆，是否设警戒范围或警告标志，并派人看守	《国家电网公司电力安全工作规程　第8部分：配电部分》（Q/GDW 10799.8—2023）第6.3.2条	
	（2）查是否严格落实登杆制度，登杆前是否检查杆根、杆身、拉线及基础加固措施，检查杆基是否夯实，有无浸水	《国家电网公司电力安全工作规程　第8部分：配电部分》（Q/GDW 10799.8—2023）第6.2.1条	
	（3）查立、撤杆是否设专人统一指挥，作业人员是否在安全距离之外	《国家电网公司电力安全工作规程　第8部分：配电部分》（Q/GDW 10799.8—2023）第6.3.1、6.3.3条	
	（4）查放线、紧线时，工作人员是否在安全范围之内	《国家电网公司电力安全工作规程　第8部分：配电部分》（Q/GDW 10799.8—2023）第6.4.1、6.4.7条	

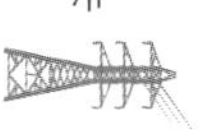

续表

督查项目	督查内容	督查依据	完成标记
架空线路检修	（5）查架空绝缘导线停电检修，开断或接入绝缘导线前是否做好防感应电措施	《国家电网公司电力安全工作规程　第8部分：配电部分》（Q/GDW 10799.8—2023）第6.5.3条	
	（6）查在有分布式电源的线路上工作，是否采取防反送电措施，停电隔离点是否采取加锁、悬挂标识牌等措施	《国家电网公司电力安全工作规程　第8部分：配电部分》（Q/GDW 10799.8—2023）第13.4.5、13.4.6条	
	（7）查起重作业时，是否有专人指挥，吊物上是否站人，作业人员是否利用吊钩来上升或下降，起吊、牵引过程中，受力钢丝绳及重物下方是否有人逗留或通过	《国家电网公司电力安全工作规程　第8部分：配电部分》（Q/GDW 10799.8—2023）第16.2.3、16.2.11、16.2.12、16.2.13条	
	（8）查起吊物件绑扎情况，若物件有棱角或特别光滑的部位时，在棱角或光滑面与绳索（吊带）接触处是否加以包垫	《国家电网公司电力安全工作规程　第8部分：配电部分》（Q/GDW 10799.8—2023）第16.2.2条	

安全督查标准工作卡5-2

（配电线路检修—邻近带电）

督查项目	督查内容	督查依据	完成标记
邻近带电导线工作及同杆（塔）架设多回线路部分停电工作	（1）查上层线路不停电进行松放或架设导线、更换绝缘子等工作时，是否有防止导（地）线脱落、滑跑的后备保护措施	《国家电网公司电力安全工作规程　第8部分：配电部分》（Q/GDW 10799.8—2023）第6.6.6条	
	（2）查邻近带电线路工作，导线及牵引机具是否接地，是否使用绝缘无极绳索，是否设专人监护	《国家电网公司电力安全工作规程　第8部分：配电部分》（Q/GDW 10799.8—2023）第6.6.2、6.6.3条	
	（3）查与带电线路平行、邻近或交叉跨越的线路停电检修，是否有防止误登杆塔的安全措施	《国家电网公司电力安全工作规程　第8部分：配电部分》（Q/GDW 10799.8—2023）第6.6条	
	（4）查起重机上是否备有合格的灭火装置，驾驶室内是否铺橡胶绝缘垫；在带电设备区域内使用起重机等起重设备时，设备是否安装接地线并可靠接地。起重作业是否有专人指挥	《国家电网公司电力安全工作规程　第8部分：配电部分》（Q/GDW 10799.8—2023）第16.2.9、16.2.13条	
	（5）查在同杆架设时，是否满足安全距离的要求，是否采取防止误登有电线路的安全措施，是否每基杆塔都设专人监护	《国家电网公司电力安全工作规程　第8部分：配电部分》（Q/GDW 10799.8—2023）第6.6.4、6.6.7、6.7.5条	

安全督查标准工作卡 5-3
（配电线路检修—带电作业）

督查项目	督查内容	督查依据	完成标记
带电作业	（1）查带电作业是否按规定履行审批手续，作业环境条件是否符合要求	《国家电网公司电力安全工作规程　第 8 部分：配电部分》（Q/GDW 10799.8—2023）第 9.1.4、9.1.5 条	
	（2）查带电作业人员是否经过专业培训，是否在专责监护人监护下进行工作	《国家电网公司电力安全工作规程　第 8 部分：配电部分》（Q/GDW 10799.8—2023）第 9.1.2、9.1.3 条	
	（3）查带电作业机具是否合格、是否规范使用	《国家电网公司电力安全工作规程　第 8 部分：配电部分》（Q/GDW 10799.8—2023）第 9.2.6、9.7 条	

安全督查标准工作卡 5-4
（配电线路检修—高处作业）

督查项目	督查内容	督查依据	完成标记
高处作业	（1）查高处作业是否正确使用安全带（作业时两道保护），是否在恶劣天气下进行露天高处作业	《国家电网公司安全生产反违章工作管理办法》（国网（安监/3）156—2014）附件 1：安全生产典型违章 100 条（二）行为违章（58 条）第 25 条 《国家电网公司电力安全工作规程　第 8 部分：配电部分》（Q/GDW 10799.8—2023）第 17.1.9、17.2.2、17.2.4 条	
	（2）查高处作业下方是否装设遮栏，工作地点下方是否有人通行或停留	《国家电网公司安全生产反违章工作管理办法》（国网（安监/3）156—2014）附件 1：安全生产典型违章 100 条（二）行为违章（58 条）第 26 条 《国家电网公司电力安全工作规程　第 8 部分：配电部分》（Q/GDW 10799.8—2023）第 17.1.13 条	
	（3）查高处作业是否使用工具袋，并拴在牢固的构件上，工件、边角余料是否放置在牢靠的地方或用铁丝扣牢并有防止坠落的措施	《国家电网公司电力安全工作规程　第 8 部分：配电部分》（Q/GDW 10799.8—2023）第 17.1.12 条	

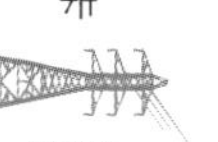

安全督查标准工作卡 5-5
（配电线路检修—电力电缆）

督查项目	督查内容	督查依据	完成标记
电力电缆工作	（1）查电缆隧道是否有充足的照明，并有防火、防水、通风措施，是否采取防气体中毒措施	《国家电网公司电力安全工作规程　第8部分：配电部分》（Q/GDW 10799.8—2023）第12.1.3、12.2.2条	
	（2）查掘路施工是否做好防止交通事故的安全措施	《国家电网公司电力安全工作规程　第8部分：配电部分》（Q/GDW 10799.8—2023）第12.2.1条	
	（3）查沟（槽）开挖是否采取措施防止土层塌方，查在特殊地点附近挖沟（槽）时是否设置监护人	《国家电网公司电力安全工作规程　第8部分：配电部分》（Q/GDW 10799.8—2023）第12.2.1条	
	（4）查带电移动电缆接头时是否采取相应安全措施	《国家电网公司电力安全工作规程　第8部分：配电部分》（Q/GDW 10799.8—2023）第12.2.7条	
	（5）查开断电缆前是否采取电缆接地措施	《国家电网公司电力安全工作规程　第8部分：配电部分》（Q/GDW 10799.8—2023）第12.2.8条	
	（6）查电缆试验时是否装设遮栏，试验装置的金属外壳是否可靠接地；电源开关是否满足安全电源要求，电缆另一端是否做好安全措施，是否有人看守，是否采取防止人员误入的安全措施	《国家电网公司电力安全工作规程　第8部分：配电部分》（Q/GDW 10799.8—2023）第11.2.3、11.2.4、11.2.5、12.3.1条	
	（7）查在重点防火部位、场所及禁止明火的区域动火或间接产生明火的作业是否使用动火票，是否配备足够的消防器材及设专人监护	《国家电网公司电力安全工作规程　第8部分：配电部分》（Q/GDW 10799.8—2023）第15.2.1、15.2.2、15.2.11.5条	

安全督查标准工作卡 5-6
（配电线路检修—砍剪树木）

督查项目	督查内容	督查依据	完成标记
砍剪树木	（1）查使用油锯或电锯作业时，是否由熟悉机械性能和操作方法的人员操作	《国家电网公司电力安全工作规程　第8部分：配电部分》（Q/GDW 10799.8—2023）第5.3.9条	

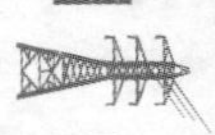

续表

督查项目	督查内容	督查依据	完成标记
砍剪树木	（2）查砍剪山坡树木时是否做好防止树木向下弹跳接近导线的措施	《国家电网公司电力安全工作规程　第 8 部分：配电部分》（Q/GDW 10799.8—2023）第 5.3.5 条	
	（3）查是否在风力超过 5 级时砍剪高出或接近导线的树木	《国家电网公司电力安全工作规程　第 8 部分：配电部分》（Q/GDW 10799.8—2023）第 5.3.8 条	

安全督查标准工作卡 6-1
（配电设备检修—变压器检修）

督查项目	督查内容	督查依据	完成标记
变压器检修	（1）查台架与杆塔固定是否牢固、接地体是否完好	《国家电网公司电力安全工作规程　第 8 部分：配电部分》（Q/GDW 10799.8—2023）第 7.1.1 条	
	（2）查在熔断器下部工作时是否有专人监护	《国家电网公司电力安全工作规程　第 8 部分：配电部分》（Q/GDW 10799.8—2023）第 7.1.3 条	
	（3）查检修地点高低压侧是否短路接地或高压侧接地、低压侧采取绝缘遮蔽措施	《国家电网公司电力安全工作规程　第 8 部分：配电部分》（Q/GDW 10799.8—2023）第 7.2.1、7.1.2、7.2.2 条	
	（4）查高处作业下方是否装设围栏，是否正确使用安全带，使用的工具、材料是否有防坠落措施	《国家电网公司安全生产反违章工作管理办法》[国网（安监/3）156—2014] 附件 1：安全生产典型违章 100 条（二）行为违章（58 条）第 25 条 《国家电网公司电力安全工作规程　第 8 部分：配电部分》（Q/GDW 10799.8—2023）第 17.1.9、17.1.11、17.1.13、17.2.2、17.2.4 条	

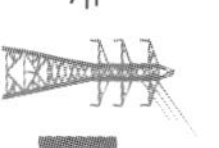

安全督查标准工作卡 6-2
（配电设备检修—配电站、开关站检修）

督查项目	督查内容	督查依据	完成标记
配电站、开关站检修	（1）查环网柜部分停电工作时，警示及隔离措施是否执行到位	《国家电网公司电力安全工作规程　第 8 部分：配电部分》（Q/GDW 10799.8—2023）第 7.3.3 条	
	（2）查检修地点人体与高压设备带电部分是否保持足够的安全距离	《国家电网公司电力安全工作规程　第 8 部分：配电部分》（Q/GDW 10799.8—2023）第 7.3 条	
	（3）查接入高压配电网的分布式电源，并网点是否按规定设置符合要求的开断设备，电网侧能否可靠接地；查停电隔离点是否采取加锁、悬挂标识牌等措施防止误送电	《国家电网公司电力安全工作规程　第 8 部分：配电部分》（Q/GDW 10799.8—2023）第 13.1.1、13.1.2、13.4.6 条	
	（4）查配电变压器柜的柜门是否有防误入带电间隔的措施	《国家电网公司电力安全工作规程　第 8 部分：配电部分》（Q/GDW 10799.8—2023）第 7.3.4 条	
	（5）查在带电设备周围使用工器具时，是否有防人身触电措施	《国家电网公司电力安全工作规程　第 8 部分：配电部分》（Q/GDW 10799.8—2023）第 7.3.6、7.3.7 条	
	（6）查现场是否规范使用梯子	《国家电网公司电力安全工作规程　第 8 部分：配电部分》（Q/GDW 10799.8—2023）第 17.4 条	

安全督查标准工作卡 6-3
（配电设备检修—计量、负控装置检修）

督查项目	督查内容	督查依据	完成标记
计量、负控装置检修	（1）查电流互感器、电压互感器试验时是否有反送电措施	《国家电网公司电力安全工作规程　第 8 部分：配电部分》（Q/GDW 10799.8—2023）第 7.4.3 条	
	（2）查负荷控制装置安装、维护和检修工作不停电时，是否有防止误碰运行设备、误分闸的措施	《国家电网公司电力安全工作规程　第 8 部分：配电部分》（Q/GDW 10799.8—2023）第 7.4.4 条	

安全督查标准工作卡 6-4
（配电设备检修—低压电气工作）

督查项目	督查内容	督查依据	完成标记
低压电气工作	（1）查低压带电工作时，是否戴手套、护目镜，是否保持对地绝缘	《国家电网公司电力安全工作规程　第 8 部分：配电部分》(Q/GDW 10799.8—2023）第 8.1.1 条	
	（2）查低压带电作业时工具绝缘柄是否完好，查裸露的导电部位是否采取绝缘包裹措施	《国家电网公司电力安全工作规程　第 8 部分：配电部分》(Q/GDW 10799.8—2023）第 8.1.8 条	
	（3）查在配电柜（盘）内工作，相邻设备是否全部停电或采取绝缘遮蔽措施	《国家电网公司电力安全工作规程　第 8 部分：配电部分》(Q/GDW 10799.8—2023）第 8.2.6 条	

安全督查标准工作卡 6-5
（配电设备检修—二次系统工作）

督查项目	督查内容	督查依据	完成标记
二次系统工作	（1）查二次设备箱体是否接地，防二次设备误动措施是否落实	《国家电网公司电力安全工作规程　第 8 部分：配电部分》(Q/GDW 10799.8—2023）第 10.1.3、10.3.5、10.4.2 条	
	（2）查在二次运行屏（柜）上工作或检修设备时，是否与运行设备以明显的标志隔开	《国家电网公司电力安全工作规程　第 8 部分：配电部分》(Q/GDW 10799.8—2023）第 10.3.2 条	

安全督查标准工作卡 6-6
（配电设备检修—高压试验与测量）

督查项目	督查内容	督查依据	完成标记
高压试验与测量工作	（1）查直接接触设备的电气测量是否做好防人身触电的安全措施，查试验装置的金属外壳是否可靠接地	《国家电网公司电力安全工作规程　第 8 部分：配电部分》(Q/GDW 10799.8—2023）第 11.1.2、11.2.3、11.2.4 条	
	（2）查试验现场是否装设遮栏（围栏），是否与试验设备高压部分保持足够的安全距离；查被试设备不在同一地点时，另一端是否按规定做好安全防护措施	《国家电网公司电力安全工作规程　第 8 部分：配电部分》(Q/GDW 10799.8—2023）第 11.2.5 条	

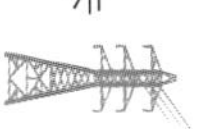

续表

督查项目	督查内容	督查依据	完成标记
高压试验与测量工作	（3）查使用钳形电流表开展测量工作时，是否按规定做好防人身触电的安全措施	《国家电网公司电力安全工作规程　第8部分：配电部分》（Q/GDW 10799.8—2023）第11.3.1条	
	（4）查使用绝缘电阻表测量绝缘电阻时，是否断开被测设备所有可能来电侧的断路器（隔离开关）	《国家电网公司电力安全工作规程　第8部分：配电部分》（Q/GDW 10799.8—2023）第11.3.2.1条	

安全督查标准工作卡 6-7
（配电设备检修—起重作业）

督查项目	督查内容	督查依据	完成标记
起重作业	（1）查起重机上是否备有合格的灭火装置，驾驶室内是否铺橡胶绝缘垫；在带电区域内使用起重机等起重设备时，设备是否装设接地线并可靠接地	《国家电网公司电力安全工作规程　第8部分：配电部分》（Q/GDW 10799.8—2023）第16.2.9、16.2.13条	
	（2）查起吊物件是否绑扎牢固，若物件有棱角或特别光滑的部位时，在棱角或光滑面与绳索（吊带）接触处是否加以包垫	《国家电网公司电力安全工作规程　第8部分：配电部分》（Q/GDW 10799.8—2023）第16.2.2条	
	（3）查在起吊过程中，吊物上是否站人，作业人员是否利用吊钩来上升或下降；吊臂和起重物的下面，是否有人逗留或通过	《国家电网公司电力安全工作规程　第8部分：配电部分》（Q/GDW 10799.8—2023）第16.2.3、16.2.11、16.2.12条	
	（4）查两台及以上链条葫芦起吊同一重物时，重物的自重是否大于每台链条葫芦的允许起重量	《国家电网公司电力安全工作规程　第8部分：配电部分》（Q/GDW 10799.8—2023）第14.2.6.3条	
	（5）起重作业是否由专人指挥	《国家电网有限公司电力建设安全工作规程（第1部分：变电）》第7.3.5条 《国家电网有限公司电力建设安全工作规程（第2部分：线路）》第7.2.5条 《国家电网有限公司电力安全工作规程（水电厂动力部分）》第14.1.4、14.1.6条	

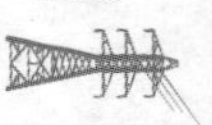

安全督查标准工作卡 6-8
（配电设备检修—动火作业）

督查项目	督查内容	督查依据	完成标记
动火作业	（1）查在重点防火部位、场所及禁止明火的区域动火或间接产生明火的作业是否使用动火票	《国家电网公司电力安全工作规程　第8部分：配电部分》（Q/GDW 10799.8—2023）第15.2.1、15.2.2条	
	（2）查动火作业是否有专人监护，是否清除动火现场的易燃物品，是否配备足够的消防器材；查动火间断或终结时，是否清理现场，是否检查有无残留火种	《国家电网公司电力安全工作规程　第8部分：配电部分》（Q/GDW 10799.8—2023）第15.2.11.5、15.2.11.7条	
	（3）查是否在禁止动火的情况下动火作业	《国家电网公司电力安全工作规程　第8部分：配电部分》（Q/GDW 10799.8—2023）第15.2.11.8条	
	（4）查氧气瓶是否与乙炔瓶、易燃物品或存有其他可燃气体的容器放在一起运送；查动火作业中使用的机具、气瓶等是否合格、完整	《国家电网公司电力安全工作规程　第8部分：配电部分》（Q/GDW 10799.8—2023）第15.1.2、15.3.5.3条	
	（5）查是否存在“在易燃易爆或禁火区域携带火种、使用明火、吸烟”“未采取防火等安全措施在易燃物品上方进行焊接，下方无监护人。”的违规行为	《国家电网有限公司电力建设安全工作规程　第2部分：线路》（Q/GDW 11957.2—2020）第6.1.6、7.3.1.9、7.3.1.12条 《国家电网公司电力安全工作规程（水电厂动力部分）》第5.7.10 g、16.1.6条 《中华人民共和国消防法》第二十一条	

安全督查标准工作卡 7-1
（配电线路施工—配电线路）

督查项目	督查内容	督查依据	完成标记
配电线路	（1）查坑洞开挖前、开挖期间的防护措施、安全措施落实情况	《国家电网公司电力安全工作规程　第8部分：配电部分》（Q/GDW 10799.8—2023）第6.1条	
	（2）查杆塔基础附近开挖时工作人员是否执行防护措施、现场加装临时拉线是否符合要求	《国家电网公司电力安全工作规程　第8部分：配电部分》（Q/GDW 10799.8—2023）第6.1.8条	

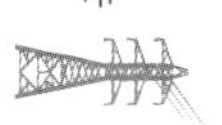

续表

督查项目	督查内容	督查依据	完成标记
配电线路	（3）查混凝土工程施工方案是否按规定进行审批、论证，开展安全技术交底，作业时严格作业票管理	《国家电网有限公司电力建设安全工作规程　第2部分：线路》（Q/GDW 11957.2—2020）第5.1.5条	
	（4）查在有电缆、光缆及管道等地下设施的地方开挖时，是否事先取得有关管理部门的同意，并有相应的安全措施且有专人监护	《国家电网有限公司电力建设安全工作规程　第2部分：线路》（Q/GDW 11957.2—2020）第10.1.1.1条	
	（5）查线杆滚动时滚动前方是否有人。线杆顺向移动时，是否随时将支垫处用木楔掩牢	《国家电网有限公司电力建设安全工作规程　第2部分：线路》（Q/GDW 11957.2—2020）第11.2.1条	
	（6）查作业人员杆塔作业前准备工作情况，杆塔作业、杆塔检修（施工）时的安全措施执行情况，放线、紧线、撤线工作是否规范	《国家电网公司电力安全工作规程　第8部分：配电部分》（Q/GDW 10799.8—2023）第6.2.1、6.4条	
	（7）邻近带电线路作业时，是否使用绝缘绳索传递，较大的工具是否用绳拴在牢固的构件上	《国家电网有限公司电力建设安全工作规程　第2部分：线路》（Q/GDW 11957.2—2020）第13.1.8条	
	（8）查高空绝缘导线、邻近带电导线、同塔多回部分停电工作时的安措设置情况	《国家电网公司电力安全工作规程　第8部分：配电部分》（Q/GDW 10799.8—2023）第6.5、6.6、6.7条	
	（9）查牵引过程中人员受力钢丝绳的周围、上下方、转向滑车内角侧、吊臂和起吊物的下面，是否有人逗留或通过	《国家电网公司电力安全工作规程　第8部分：配电部分》（Q/GDW 10799.8—2023）第16.2条	

安全督查标准工作卡7-2
（配电线路施工—电缆施工）

督查项目	督查内容	督查依据	完成标记
电缆施工	（1）查施工单位是否派专人指挥电缆敷设施工，是否落实现场安全措施	《国家电网有限公司电力建设安全工作规程　第2部分：线路》（Q/GDW 11957.2—2020）第14.2.4条	
	（2）查电缆直埋敷设施工前的勘察情况、防坍塌措施	《国家电网公司电力安全工作规程　第8部分：配电部分》（Q/GDW 10799.8—2023）第12.2.1条	
	（3）查电缆展放敷设过程中，转弯处是否设专人监护；电缆通过孔洞、管子或楼板时，两侧是否设专人监护	《国家电网有限公司电力建设安全工作规程　第2部分：线路》（Q/GDW 11957.2—2020）第14.2.14条	

续表

督查项目	督查内容	督查依据	完成标记
电缆施工	（4）查电缆悬吊保护措施，查电缆井、电缆隧道内工作时的通风情况、记录	《国家电网公司电力安全工作规程　第 8 部分：配电部分》（Q/GDW 10799.8—2023）第 12.2.1.8、12.2.2 条	
	（5）查开断电缆前，开启电缆井井盖、电缆沟盖板及电缆隧道人孔盖后的安措情况	《国家电网公司电力安全工作规程　第 8 部分：配电部分》（Q/GDW 10799.8—2023）第 12.2.5、12.2.6、12.2.8 条	
	（6）查非开挖施工、电缆试验过程中、电缆试验结束时的安全措施	《国家电网公司电力安全工作规程　第 8 部分：配电部分》（Q/GDW 10799.8—2023）第 12.2.15、12.3 条	
	（7）查有限空间作业是否遵循五条规定进行，是否先通风、再检测、后作业	《有限空间安全作业五条规定》（国家安监总局第 69 号令）	

安全督查标准工作卡 7-3
（配电线路施工—高处作业）

督查项目	督查内容	督查依据	完成标记
高处作业	（1）查高处作业是否具备安全工作条件、是否设置安全措施，人员、设备资质是否符合要求	《国家电网公司电力安全工作规程　第 8 部分：配电部分》（Q/GDW 10799.8—2023）第 17.1.2 条	
	（2）查高处作业是否使用工具袋或用绳索拴在牢固的构件上（作业时两道保护），传递材料、工器具是否使用绳索	《国家电网公司电力安全工作规程　第 8 部分：配电部分》（Q/GDW 10799.8—2023）第 17.1.5 条	
	（3）查高处作业人员的安全措施及登高器具的规范使用要求是否落实到位	《国家电网公司电力安全工作规程　第 8 部分：配电部分》（Q/GDW 10799.8—2023）第 17.1.3 条	

安全督查标准工作卡 8-1
（配电设备施工—变压器安装）

督查项目	督查内容	督查依据	完成标记
变压器安装	（1）查变压器底部距离地面的高度是否大于 2.5m	《国家电网有限公司电力建设安全工作规程　第 1 部分：变电》（Q/GDW 11957.1—2020）第 6.5.2 条	

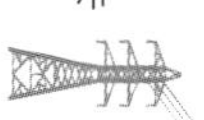

续表

督查项目	督查内容	督查依据	完成标记
变压器安装	（2）查组立后的支柱是否有倾斜、下沉及支柱基础积水等现象	《国家电网有限公司电力建设安全工作规程 第1部分：变电》(Q/GDW 11957.1—2020) 第6.5.2条	
	（3）查地面平台安装的变压器，平台是否高出地面0.5m，四周是否装设高度不低于8m的围栏，并设安全标识	《国家电网有限公司电力建设安全工作规程 第1部分：变电》(Q/GDW 11957.1—2020) 第6.5.2条	
	（4）查变压器引线与电缆连接时，电缆及其终端头是否与变压器外壳直接接触	《国家电网有限公司电力建设安全工作规程 第1部分：变电》(Q/GDW 11957.1—2020) 第6.5.2条	
	（5）高处作业是否装设围栏、是否正确使用安全带，使用的工具材料是否有防坠落措施	《国家电网公司安全生产反违章工作管理办法》[国网（安监/3）156—2014] 附件1：安全生产典型违章100条（二）行为违章（58条）第25条 《国家电网公司电力安全工作规程 第8部分：配电部分》(Q/GDW 10799.8—2023) 第17.1.9、17.1.11、17.1.13、17.2.2、17.2.4条	

安全督查标准工作卡 8-2

（配电设备施工—配电站、开关站安装）

督查项目	督查内容	督查依据	完成标记
配电站、开关站安装	（1）查盘、柜就位时是否有防止倾倒伤人和损坏设备的措施，撬动就位时人力是否足够，并有统一指挥	《国家电网有限公司电力建设安全工作规程 第1部分：变电》(Q/GDW 11957.1—2020) 第11.10条	
	（2）查开关柜、低压配电屏、保护盘、控制盘及各式操作箱等部分带电时，是否采取相应措施	《国家电网有限公司电力建设安全工作规程 第1部分：变电》(Q/GDW 11957.1—2020) 第11.10条	
	（3）施工区周围的孔洞是否采取可靠的措施进行遮盖，防止人员摔伤	《国家电网有限公司电力建设安全工作规程 第1部分：变电》(Q/GDW 11957.1—2020) 第11.10条	
	（4）查继电保护、配电自动化装置、安全自动装置及自动化监控系统试验或一次通电前，是否通知运维人员和有关人员，并指派专人到现场监视	《国家电网公司电力安全工作规程 第8部分：配电部分》(Q/GDW 10799.8—2023) 第10.4.1条	

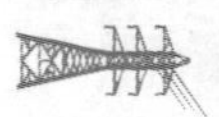

安全督查标准工作卡 8-3
（配电设备施工—高压试验与测量）

督查项目	督查内容	督查依据	完成标记
高压试验与测量	（1）查直接接触设备的电气测量，是否做好防人身触电的安全措施；夜间测量，照明是否充足	《国家电网公司电力安全工作规程　第 8 部分：配电部分》(Q/GDW 10799.8—2023）第 11.1 条	
	（2）查试验装置的金属外壳是否可靠接地，电源开关是否满足安全电源要求	《国家电网公司电力安全工作规程　第 8 部分：配电部分》(Q/GDW 10799.8—2023）第 11.2 条	
	（3）查试验现场是否装设遮栏（围栏），试验人员与试验设备高压部分是否有足够的安全距离	《国家电网公司电力安全工作规程　第 8 部分：配电部分》(Q/GDW 10799.8—2023）第 11.2 条	
	（4）查被试设备不在同一地点时，另一端是否按规定做好安全防护措施	《国家电网公司电力安全工作规程　第 8 部分：配电部分》(Q/GDW 10799.8—2023）第 11.2 条	
	（5）查试验使用的短路线是否规范	《国家电网公司电力安全工作规程　第 8 部分：配电部分》(Q/GDW 10799.8—2023）第 11.2 条	
	（6）电缆耐压试验加压是否采取防止人员误入的安全措施	《国家电网公司电力安全工作规程　第 8 部分：配电部分》(Q/GDW 10799.8—2023）第 12 条	

安全督查标准工作卡 8-4
（配电设备施工—起重与运输）

督查项目	督查内容	督查依据	完成标记
起重与运输	（1）查起重运输人员、设备、车辆是否具备工作条件，及牵引前的安措布置情况	《国家电网公司电力安全工作规程　第 8 部分：配电部分》(Q/GDW 10799.8—2023）第 16.2 条	
	（2）查起重作业的安全措施。查装卸电杆等物件时，是否采取防止滚动、移动伤人的措施	《国家电网公司电力安全工作规程　第 8 部分：配电部分》(Q/GDW 10799.8—2023）第 16.2、16.3 条	
	（3）查运输工作布置情况。分散卸车时，每卸一根之前，是否防止其余杆件滚动；每卸完一处，是否将车上其余的杆件绑扎牢固后继续运送	《国家电网公司电力安全工作规程　第 8 部分：配电部分》(Q/GDW 10799.8—2023）第 16.3.3 条	

续表

督查项目	督查内容	督查依据	完成标记
起重与运输	（4）查起重设备的安全防护措施是否满足作业条件	《国家电网有限公司电力建设安全工作规程 第1部分：变电》(Q/GDW 11957.1—2020) 第8.3.1条	
	（5）查起重设备是否安装接地线并可靠接地，截面是否大于16mm²	《国家电网公司电力安全工作规程 第8部分：配电部分》(Q/GDW 10799.8—2023) 第16.2.9条	
	（6）查起重机械的各种监测仪表以及制动器、限位器、安全阀、闭锁机构等安全装置是否完好齐全、灵敏可靠，是否利用限制器和限位装置代替操纵机构	《国家电网有限公司电力建设安全工作规程 第1部分：变电》(Q/GDW 11957.1—2020) 第7.3.7条	
	（7）起重作业是否有专人指挥	《国家电网有限公司电力建设安全工作规程 第1部分：变电》(Q/GDW 11957.1—2020) 第7.3.5条 《国家电网有限公司电力建设安全工作规程 第2部分：线路》(Q/GDW 11957.2—2020) 第7.2.5条 《国家电网有限公司电力安全工作规程（水电厂动力部分）》第14.1.4、14.1.6条	

安全督查标准工作卡 8-5
（配电设备施工—临时用电）

督查项目	督查内容	督查依据	完成标记
临时用电	（1）查配电系统是否实行三级配电，有无短路、过载保护器和剩余电流动作保护装置	《国家电网有限公司电力建设安全工作规程 第1部分：变电》(Q/GDW 11957.1—2020) 第6.5条	
	（2）查配电箱金属外壳接地或接零是否良好，导线进入配电箱是否采取固定措施，操作部位是否有带电体裸露	《国家电网有限公司电力建设安全工作规程 第1部分：变电》(Q/GDW 11957.1—2020) 第6.5条	
	（3）查开关和熔断器的容量是否满足被保护设备的要求，闸刀开关是否有保护罩，是否用其他金属丝代替熔丝	《国家电网有限公司电力建设安全工作规程 第1部分：变电》(Q/GDW 11957.1—2020) 第6.5条	
	（4）查在光线不足的作业场所及夜间作业的场所是否有足够的照明	《国家电网有限公司电力建设安全工作规程 第1部分：变电》(Q/GDW 11957.1—2020) 第6.5条	

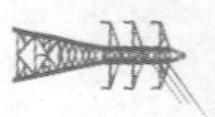

安全督查标准工作卡 8-6
（配电设备施工—动火作业）

督查项目	督查内容	督查依据	完成标记
动火作业	（1）查动火人员资质、动火工器具的合格完整性，动火工作票的规范性及消防器材准备情况	《国家电网公司电力安全工作规程　第 8 部分：配电部分》（Q/GDW 10799.8—2023）第 15.1.1、15.1.2 条	
	（2）查现场动火作业的监护情况，焊接、切割工作规范情况	《国家电网公司电力安全工作规程　第 8 部分：配电部分》（Q/GDW 10799.8—2023）第 15.2.11.5 条	
	（3）查氧气瓶和乙炔气瓶运输、存储、放置情况	《国家电网公司电力安全工作规程　第 8 部分：配电部分》（Q/GDW 10799.8—2023）第 15.3.5.3、15.3.6 条	
	（4）查是否存在“在易燃易爆或禁火区域携带火种、使用明火、吸烟”“未采取防火等安全措施在易燃物品上方进行焊接，下方无监护人”的违规行为	《国家电网有限公司电力建设安全工作规程　第 2 部分：线路》（Q/GDW 11957.2—2020）第 6.1.6、7.3.1.9、7.3.1.12 条 《国家电网公司电力安全工作规程（水电厂动力部分）》第 5.7.10 g、16.1.6 条 《消防法》第二十一条	
	（5）动火作业前，是否清除动火现场及周围的易燃物品	《国家电网有限公司电力建设安全工作规程　第 1 部分：变电》（Q/GDW 11957.1—2020）第 16.6.10.5 条 《国家电网公司电力安全工作规程（水电厂动力部分）》第 5.7.10 i 条	

安全督查标准工作卡 9-1
（基建线路施工—索道运输）

督查项目	督查内容	督查依据	完成标记
索道运输	（1）查索道支架是否稳固，支架拉线对地夹角是否超过 45°	《国家电网公司输变电工程施工安全风险识别、评估及预控措施管理办法》国网（基建/3）输变电工程风险库 04050006	

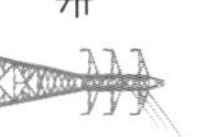

续表

督查项目	督查内容	督查依据	完成标记
索道运输	（2）查限位和挡止装置是否齐全有效	《国家电网有限公司电力建设安全工作规程　第2部分：线路》(Q/GDW 11957.2—2020）第9.5.5条	
	（3）查驱动装置是否设置在承载索下方	《国家电网公司输变电工程施工安全风险识别、评估及预控措施管理办法》国网（基建/3）输变电工程风险库04050006	
	（4）查沿线是否通信畅通	《国家电网公司输变电工程施工安全风险识别、评估及预控措施管理办法》国网（基建/3）输变电工程风险库04050007	
	（5）查索道是否计算校核受力情况，是否经使用单位和监理单位验收、试运行合格	《国家电网有限公司电力建设安全工作规程　第2部分：线路》(Q/GDW 11957.2—2020）第9.5.6条	
	（6）查各支架及牵引设备处是否安装临时接地装置	《国家电网有限公司电力建设安全工作规程　第2部分：线路》(Q/GDW 11957.2—2020）第9.5.8条	
	（7）查索道运输是否有超载、运送人员现象，索道下方是否站人，驱动装置未停机时装卸人员有无进入装卸区域行为	《国家电网有限公司电力建设安全工作规程　第2部分：线路》(Q/GDW 11957.2—2020）第9.5.12、9.5.14条	
	（8）查承载索的锚固、拉线、各种索具、索道支架是否定期检查，牵引索的钳口使用过程中是否经常检查，定期更换	《国家电网公司输变电工程施工安全风险识别、评估及预控措施管理办法》国网（基建/3）输变电工程风险库04050007	
	（9）查是否存在货运索道载人	《国家电网有限公司电力建设安全工作规程　第2部分：线路》(Q/GDW 11957.2—2020）第9.5.14条	

安全督查标准工作卡9-2
（基建线路施工—基础施工）

督查项目	督查内容	督查依据	完成标记
基础施工	（1）查专业分包工程的重要临时设施、重要施工工序、特殊作业、危险作业项目以及危险性较大的分部分项工程作业时，承包单位是否派员监督	《国家电网有限公司电力建设安全工作规程　第2部分：线路》(Q/GDW 11957.2—2020）第5.1条	

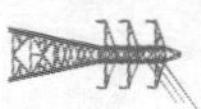

续表

督查项目	督查内容	督查依据	完成标记
基础施工	（2）查爆破工程是否签订合同及安全协议，爆破单位和人员是否具有相关资质，是否向当地公安部门申请、备案	《国家电网有限公司电力建设安全工作规程　第2部分：线路》(Q/GDW 11957.2—2020）第10.2条	
	（3）查施工用电设施安装、运行、维护、拆除是否由专业电工负责，是否有定期检查记录，电源、电源线、配电箱等是否规范，是否满足“一机一闸一保护”要求等	《国家电网有限公司电力建设安全工作规程　第2部分：线路》(Q/GDW 11957.2—2020）第6.3条	
	（4）查坑边堆土以及放坡是否满足要求	《国家电网有限公司电力建设安全工作规程　第2部分：线路》(Q/GDW 11957.2—2020）第10.1.1.6、10.1.1.9条	
	（5）查凿岩机或风钻操作人员是否戴口罩和风镜	《国家电网有限公司电力建设安全工作规程　第2部分：线路》(Q/GDW 11957.2—2020）第10.1.4.1条	
	（6）查挖掘机开挖是否避让作业点周围的障碍物及架空线，人员是否进入挖斗内，是否在伸臂及挖斗下面通过或逗留	《国家电网有限公司电力建设安全工作规程　第2部分：线路》(Q/GDW 11957.2—2020）第10.1.4.4条	
	（7）查上下基坑是否有可靠的梯子，是否做好临边防护措施，作业人员是否在基坑内休息	《国家电网有限公司电力建设安全工作规程　第2部分：线路》(Q/GDW 11957.2—2020）第10.1.1.5条	
	（8）查作业人员是否在模板或撑木上走动	《国家电网有限公司电力建设安全工作规程　第2部分：线路》(Q/GDW 11957.2—2020）第10.3.9条	
	（9）查木模板外露的铁钉是否及时拔掉或打弯	《国家电网有限公司电力建设安全工作规程　第2部分：线路》(Q/GDW 11957.2—2020）第10.3.6条	
	（10）查振捣作业人员是否穿绝缘靴、戴绝缘手套	《国家电网有限公司电力建设安全工作规程　第2部分：线路》(Q/GDW 11957.2—2020）第8.2.12.2条	
	（11）查人工挖孔桩作业是否设专人监护，提土装置是否稳固，是否落实“先通风、再检测、后作业”的措施，送排风设备、坑下照明及电动工器具是否符合安全用电要求，人员是否沿专用爬梯上下，是否有应急处置措施	《国家电网有限公司电力建设安全工作规程　第2部分：线路》(Q/GDW 11957.2—2020）第10.4.2.5条 《国家电网公司输变电工程施工安全风险识别、评估及预控措施管理办法》国网（基建/3）输变电工程风险库04030700	

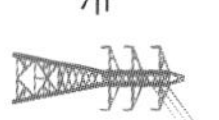

安全督查标准工作卡 9-3
（基建线路施工—组塔施工）

督查项目	督查内容	督查依据	完成标记
组塔施工	（1）查作业区域是否设置遮栏等安全警示标志，非作业人员是否进入作业区	《国家电网有限公司电力建设安全工作规程　第2部分：线路》（Q/GDW 11957.2—2020）第11.1.3条	
	（2）查地脚螺栓是否加垫板并拧紧螺帽及打毛丝扣，接地线安装是否及时	《国家电网有限公司电力建设安全工作规程　第2部分：线路》（Q/GDW 11957.2—2020）第11.1.8条	
	（3）查吊件垂直下方、受力钢丝绳的内角侧是否有人员逗留和通过	《国家电网有限公司电力建设安全工作规程　第2部分：线路》（Q/GDW 11957.2—2020）第11.1.8条	
	（4）查钢丝绳与金属构件绑扎处是否衬垫软物，组立杆塔或抱杆的临时拉线材质是否符合要求	《国家电网有限公司电力建设安全工作规程　第2部分：线路》（Q/GDW 11957.2—2020）第11.1.8条	
	（5）查机动绞磨是否锚固可靠、放置平稳，绞磨操作是否符合要求，绞磨受力时是否用松尾绳的方法卸荷	《国家电网有限公司电力建设安全工作规程　第2部分：线路》（Q/GDW 11957.2—2020）第8.2.13.1、8.2.13.3条	
	（6）查临时锚桩是否按要求布设，马道与受力方向是否一致，是否有防雨水浸泡措施，是否用树木或外露岩石等承力大小不明物体作为主要受力钢丝绳地锚，是否经过检查验收	《国家电网有限公司电力建设安全工作规程　第2部分：线路》（Q/GDW 11957.2—2020）第11.1.6条	
	（7）查总牵引地锚出土点、制动系统中心、抱杆顶点及杆塔中心四点是否在同一垂直面上，电杆的临时拉线数量是否满足要求，临时拉线在地面未固定前是否登杆作业	《国家电网有限公司电力建设安全工作规程　第2部分：线路》（Q/GDW 11957.2—2020）第11.4、11.5条	
	（8）查采用内悬浮内（外）拉线抱杆分解组塔时，承托绳是否绑扎在主材节点的上方，内拉线的下端是否绑扎在主材节点下方，升降抱杆是否有防倾倒措施，多次对接组立抱杆是否采取倒装方式	《国家电网有限公司电力建设安全工作规程　第2部分：线路》（Q/GDW 11957.2—2020）第11.7条	
	（9）查座地摇（平）臂抱杆组塔是否坐落在坚实稳固平整的地基或设计规定的基础上，摇臂的中部位置或非吊挂滑车位置是否悬挂起吊滑车或其他临时拉线，平臂抱杆是否配置力矩、风速等监控装置	《国家电网有限公司电力建设安全工作规程　第2部分：线路》（Q/GDW 11957.2—2020）第11.8条	
	（10）查起重机支腿是否可靠，起重作业是否有专人指挥，起吊作业是否在起重机的侧向和后向进行，与带电体之间是否满足安全距离，是否存在超载、斜拉、斜吊现象，起重臂下和重物经过的地方是否有人逗留或通过	《国家电网有限公司电力建设安全工作规程　第2部分：线路》（Q/GDW 11957.2—2020）第8.1、11.9条	

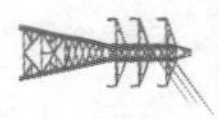

续表

督查项目	督查内容	督查依据	完成标记
组塔施工	（11）查是否严禁采用正装法组立超过 30m 的悬浮抱杆	《国家电网有限公司电力建设安全工作规程　第 2 部分：线路》（Q/GDW 11957.2—2020）第 11.7.8 条 《国家电网有限公司关于防治安全事故重复发生实施输变电工程施工安全强制措施的通知》“五禁止”要求	

安全督查标准工作卡 9-4
（基建线路施工—跨越施工）

督查项目	督查内容	督查依据	完成标记
跨越施工	（1）查跨越架材质、搭拆顺序是否符合有关规范要求	《国家电网有限公司电力建设安全工作规程　第 2 部分：线路》（Q/GDW 11957.2—2020）第 12.1.1 条	
	（2）查跨越架宽度、立杆、横杆间距，扫地杆、撑杆、剪刀撑、羊角、拉线设置、绑扎是否规范，中心是否在线路中心线上	《国家电网有限公司电力建设安全工作规程　第 2 部分：线路》（Q/GDW 11957.2—2020）第 12.1.1.4、12.1.1.6 条	
	（3）查跨越架搭设与被跨越物的最小安全距离是否符合规程规定	《国家电网有限公司电力建设安全工作规程　第 2 部分：线路》（Q/GDW 11957.2—2020）第 12.1.1.7 条	
	（4）查地锚埋设、防雨措施是否规范，拉线规格、角度、绳索尾头绑扎是否符合规程	《国家电网有限公司电力建设安全工作规程　第 2 部分：线路》（Q/GDW 11957.2—2020）第 11.1.6 条	
	（5）查跨越架是否经验收合格、挂牌使用	《国家电网有限公司电力建设安全工作规程　第 2 部分：线路》（Q/GDW 11957.2—2020）第 12.1.1.11 条	
	（6）查不停电跨越是否开具电力线路第二种工作票，是否执行“退出重合闸”程序，跨越处是否设置监护，跨越塔是否有二道保护，绝缘绳、绝缘网、安全距离等是否符合安全规程要求	《国家电网有限公司电力建设安全工作规程　第 2 部分：线路》（Q/GDW 11957.2—2020）第 13.2 条	
	（7）查停电跨越是否开具电力线路第一种工作票，停电、验电、挂拆接地线、恢复送电程序是否规范	《国家电网有限公司电力建设安全工作规程　第 2 部分：线路》（Q/GDW 11957.2—2020）第 13.3 条	

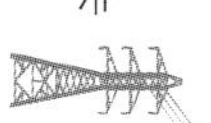

安全督查标准工作卡 9-5
（基建线路施工—架线施工）

督查项目	督查内容	督查依据	完成标记
架线施工	（1）查作业区域是否设置遮栏等安全警示标志，非作业人员是否进入作业区	《国家电网有限公司电力建设安全工作规程　第 2 部分：线路》（Q/GDW 11957.2—2020）第 11.1.3 条	
	（2）查导、地线展放是否做到专人指挥、信号统一、通信畅通，沿线跨越处是否有人监护	《国家电网有限公司电力建设安全工作规程　第 2 部分：线路》（Q/GDW 11957.2—2020）第 12.2.1、12.2.8 条	
	（3）查放线滑车、网套、卡线器、旋转及抗弯连接器是否有缺陷，规格是否正确，使用是否规范，线盘支架是否稳固	《国家电网有限公司电力建设安全工作规程　第 2 部分：线路》（Q/GDW 11957.2—2020）第 8.3.8～8.3.11、12.2.3～12.2.6 条	
	（4）查作业人员是否站在线圈内操作，牵引过程中牵引绳进入的主牵引机高速转向滑车与钢丝绳卷车的内角侧是否有人	《国家电网有限公司电力建设安全工作规程　第 2 部分：线路》（Q/GDW 11957.2—2020）第 12.2.7、12.3.9 条	
	（5）查引绳展放是否符合安全规程要求（含人力展放及无人机等方式）	《国家电网有限公司电力建设安全工作规程　第 2 部分：线路》（Q/GDW 11957.2—2020）第 12.2.10、12.3.6 条	
	（6）查牵引设备及张力设备的锚固是否可靠，接地是否良好	《国家电网有限公司电力建设安全工作规程　第 2 部分：线路》（Q/GDW 11957.2—2020）第 12.3.7 条	
	（7）查转角杆塔放线滑车的预倾措施和导线上扬处的压线措施是否可靠	《国家电网有限公司电力建设安全工作规程　第 2 部分：线路》（Q/GDW 11957.2—2020）第 12.3.7 条	
	（8）查压接作业是否正确执行压接规程和施工方案	《国家电网有限公司电力建设安全工作规程　第 2 部分：线路》（Q/GDW 11957.2—2020）第 12.4 条	
	（9）查紧线杆塔临时拉线及临锚是否规范，是否有人站在悬空导、地线的垂直下方，是否有人跨越将离地面的导线或地线	《国家电网有限公司电力建设安全工作规程　第 2 部分：线路》（Q/GDW 11957.2—2020）第 12.6.4、12.6.10 条	

续表

督查项目	督查内容	督查依据	完成标记
架线施工	（10）查高处安装耐张线夹时是否采取防跑线措施	《国家电网有限公司电力建设安全工作规程　第2部分：线路》(Q/GDW 11957.2—2020）第12.6.7条	
	（11）查附件安装时安全绳或速差自控器是否拴在横担主材上，安装间隔棒时是否使用后备保护绳，在带电线路上方的导线上测量间隔棒距离时是否使用干燥的绝缘绳，拆除多轮放线滑车时是否直接用人力松放	《国家电网有限公司电力建设安全工作规程　第2部分：线路》(Q/GDW 11957.2—2020）第12.7条	
	（12）查平衡挂线时是否在同一相邻耐张段的同相（极）导线上进行其他作业	《国家电网有限公司电力建设安全工作规程　第2部分：线路》(Q/GDW 11957.2—2020）第12.8.1条	
	（13）查预防电击措施是否落实，工作接地线和保安接地线是否规范管理和使用	《国家电网有限公司电力建设安全工作规程　第2部分：线路》(Q/GDW 11957.2—2020）第12.10条	
	（14）查拉线、地锚投入使用前未计算校核受力情况	《国家电网有限公司电力建设安全工作规程　第2部分：线路》(Q/GDW 11957.2—2020）第8.3.13.1、9.5.3条 《国家电网有限公司关于防治安全事故重复发生实施输变电工程施工安全强制措施的通知》关于“三算”的要求 《水电水利工程施工通用安全技术规程》(DL/T 5370—2017）第8.2.2、8.4.1条	
	（15）查拉线、地锚投入使用前是否开展验收；组塔架线前是否对地脚螺栓开展验收；验收不合格，是否整改并重新验收合格投入使用	《国家电网有限公司电力建设安全工作规程　第2部分：线路》(Q/GDW 11957.2—2020）第8.3.13.4、9.5.6、11.1.6、11.1.8条 《国家电网有限公司关于防治安全事故重复发生实施输变电工程施工安全强制措施的通知》关于“四验”的要求 《水电水利工程施工通用安全技术规程》(DL/T 5370—2017）第8.2.2、8.4.1、8.4.3条	
	（16）查紧断线平移导线挂线作业是否采取交替平移子导线的方式	《国家电网有限公司关于防治安全事故重复发生实施输变电工程施工安全强制措施的通知》“五禁止”要求	

续表

督查项目	督查内容	督查依据	完成标记
架线施工	（17）查是否存在“平衡挂线时，在同一相邻耐张段的同相导线上进行其他作业。”的违规行为	《国家电网有限公司电力建设安全工作规程　第 2 部分：线路》（Q/GDW 11957.2—2020）第 12.8.1 条	
	（18）查是否存在“耐张塔挂线前，未使用导体将耐张绝缘子串短接。”的违规行为	《国家电网有限公司电力建设安全工作规程　第 2 部分：线路》（Q/GDW 11957.2—2020）第 12.10.4 条	

安全督查标准工作卡 9-6
（基建线路施工—拆旧施工）

督查项目	督查内容	督查依据	完成标记
拆旧施工	（1）查是否根据现场实际选择合理的拆除方式	《国家电网有限公司电力建设安全工作规程　第 2 部分：线路》（Q/GDW 11957.2—2020）第 11.11 条	
	（2）查是否在塔上有导、地线的情况下整体拆除	《国家电网有限公司电力建设安全工作规程　第 2 部分：线路》（Q/GDW 11957.2—2020）第 11.11.1 条	
	（3）查整体倒塔时是否明确倒塔方向并采取控制措施，是否设立 1.2 倍倒杆距离警戒区，是否安排专人巡查监护	《国家电网有限公司电力建设安全工作规程　第 2 部分：线路》（Q/GDW 11957.2—2020）第 11.11.3 条	
	（4）查分解拆除铁塔时是否按照组塔的逆顺序操作，是否先将待拆构件受力后，再拆除连接螺栓	《国家电网有限公司电力建设安全工作规程　第 2 部分：线路》（Q/GDW 11957.2—2020）第 11.11.3 条	
	（5）查拆除杆塔的受力构件前是否转换构件承力方式或对其进行补强	《国家电网有限公司电力建设安全工作规程　第 2 部分：线路》（Q/GDW 11957.2—2020）第 11.11.4 条	
	（6）查使用起重机作业、气（焊）割作业时是否遵守相关规定	《国家电网有限公司电力建设安全工作规程　第 2 部分：线路》（Q/GDW 11957.2—2020）第 11.11.5 条	
	（7）查拆除后的废旧塔材及基础是否存在安全隐患	《国家电网有限公司电力建设安全工作规程　第 2 部分：线路》（Q/GDW 11957.2—2020）第 11.4、11.5 条	
	（8）查拆除旧导地线是否带张力断线，松线杆塔是否做好临时锚固措施，是否采用控制绳控制线尾	《国家电网有限公司电力建设安全工作规程　第 2 部分：线路》（Q/GDW 11957.2—2020）第 12.9.6 条	
	（9）查以旧线牵引新线时旧线是否有缺陷，是否采取措施确保新旧线连接可靠，顺利通过滑车	《国家电网有限公司电力建设安全工作规程　第 2 部分：线路》（Q/GDW 11957.2—2020）第 12.9.7 条	

安全督查标准工作卡 10-1
（基建变电施工—拆旧施工）

督查项目	督查内容	督查依据	完成标记
基础施工	（1）查施工区域是否设围栏及安全警示标志，是否悬挂夜间警示灯	《国家电网公司电力建设安全工作规程　第1部分：变电》(Q/GDW 11957.1—2020）第10.1.1.4条	
	（2）查开挖边坡是否满足设计要求，坑口、沟槽等坑边堆土是否满足要求，护坡措施是否到位，上下基坑是否有可靠扶梯或坡道	《国家电网公司电力建设安全工作规程　第1部分：变电》(Q/GDW 11957.1—2020）第10.1.1.6、10.1.1.7、10.1.1.9条	
	（3）查机械停放、行走有无制订施工方案，机械开挖是否符合安全要求	《国家电网公司电力建设安全工作规程　第1部分：变电》(Q/GDW 11957.1—2020）第10.1.5.3条	
	（4）查模板装、拆顺序是否符合要求，模板支撑杆件是否符合强度要求	《国家电网公司电力建设安全工作规程　第1部分：变电》(Q/GDW 11957.1—2020）第10.4.2.1条	
	（5）查材料堆放是否符合要求，是否按要求摆放梯子、搭设操作平台	《国家电网公司电力建设安全工作规程　第1部分：变电》(Q/GDW 11957.1—2020）第10.4.3.3、10.6.2、10.7.12条	
	（6）查现场脚手架搭设是否与施工方案一致，作业人员是否持证上岗，脚手架是否验收合格并悬挂安全警示标志，是否设置防雷接地措施，地锚设置是否合理有效，是否定期检查维护	《国家电网公司电力建设安全工作规程　第1部分：变电》(Q/GDW 11957.1—2020）第10.3.1、10.3.2、10.3.3、10.3.4条	

安全督查标准工作卡 10-2
（基建变电施工——次设备安装）

督查项目	督查内容	督查依据	完成标记
一次设备安装	（1）查起重操作人员是否持证上岗，是否有专人指挥吊车，高处人员是否正确使用安全带	《国家电网公司电力建设安全工作规程　第1部分：变电》(Q/GDW 11957.1—2020）第7.1.5、7.3.25条	
	（2）查工器具是否拴绳、登记、清点，严防工具及杂物遗留在器身内	《国家电网公司电力建设安全工作规程　第1部分：变电》(Q/GDW 11957.1—2020）第11.2.3条	
	（3）查施工现场是否有充足的消防器材，滤油等作业时相关设备、机械是否可靠接地	《国家电网公司电力建设安全工作规程　第1部分：变电》(Q/GDW 11957.1—2020）第11.2.6、11.2.7条	

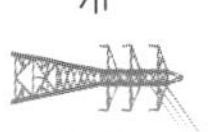

续表

督查项目	督查内容	督查依据	完成标记
一次设备安装	（4）查断路器、隔离开关在合闸位置和未锁好时是否搬运和吊装，绑扎是否牢固，作业人员是否避开开关可动部分的动作空间，以防开关意外脱扣伤人	《国家电网公司电力建设安全工作规程　第1部分：变电》(Q/GDW 11957.1—2020）第11.3.2、11.3.5条	
	（5）查是否有攀爬套管行为，是否利用伞裙作为吊点吊装	《国家电网公司电力建设安全工作规程　第1部分：变电》(Q/GDW 11957.1—2020）第11.5.1条	
	（6）查六氟化硫气瓶的安全帽、防震圈是否齐全，气瓶存放是否符合要求	《国家电网公司电力建设安全工作规程　第1部分：变电》(Q/GDW 11957.1—2020）第11.3.4条	
	（7）查钢构支架堆放是否符合要求，吊装时是否设置缆风绳，是否设置水平、垂直安全绳，地锚及拉线设置是否正确，架构组立后是否及时接地	《国家电网公司电力建设安全工作规程　第1部分：变电》(Q/GDW 11957.1—2020）第10.9.1、10.9.3、10.10条	
	（8）查液压机压力表是否完好，金具连接是否可靠，带电区域测量是否使用绝缘设备、新架设母线是否及时接地	《国家电网公司电力建设安全工作规程　第1部分：变电》(Q/GDW 11957.1—2020）第11.11.1.1、11.11.1.4、12.2条	

安全督查标准工作卡 10-3
（基建变电施工—二次设备安装）

督查项目	督查内容	督查依据	完成标记
二次设备安装	（1）查电缆盘结构是否牢固平稳，电缆敷设是否由专人指挥，是否有明确的联系信号	《国家电网公司电力建设安全工作规程　第1部分：变电》(Q/GDW 11957.1—2020）第11.12.2.3、11.12.2.4、11.12.2.7条	
	（2）查电缆敷设时拐弯处是否设专人监护，高处、临边敷设电缆是否有防坠落措施	《国家电网公司电力建设安全工作规程　第1部分：变电》(Q/GDW 11957.1—2020）11.12.2.14、11.12.2.17条	
	（3）查电缆穿入带电盘柜前电缆端头是否做绝缘包扎处理	《国家电网公司电力建设安全工作规程　第1部分：变电》(Q/GDW 11957.1—2020）第11.12.2.21条	
	（4）查电缆隧道有无充足的照明，是否有防水、防火、通风措施，进入电缆井、电缆隧道时是否坚持“先通风、再检测、后作业”的原则	《国家电网公司电力建设安全工作规程　第1部分：变电》(Q/GDW 11957.1—2020）第11.12.1.2、7.2.2条	

续表

督查项目	督查内容	督查依据	完成标记
二次设备安装	（5）查高压电缆头制作时是否配备足够的消防器材	《国家电网公司电力建设安全工作规程　第1部分：变电》（Q/GDW 11957.1—2020）第11.12.4.1、11.12.4.4条	
	（6）查盘柜就位时，是否统一指挥，是否有防倾倒的措施	《国家电网公司电力建设安全工作规程　第1部分：变电》（Q/GDW 11957.1—2020）第11.10.2、11.10.4条	
	（7）查盘柜需要部分带电时，带电系统与非带电系统是否有明显可靠的隔断措施并悬挂安全标志	《国家电网公司电力建设安全工作规程　第1部分：变电》（Q/GDW 11957.1—2020）第11.10.8条	
	（8）查安装搬运蓄电池是否做到轻搬轻放，是否触动极柱和安全阀，安装工器具是否带有绝缘手柄	《国家电网公司电力建设安全工作规程　第1部分：变电》（Q/GDW 11957.1—2020）第11.9.1、11.9.2、11.9.6条	

安全督查标准工作卡 10-4
（基建变电施工—试验调试）

督查项目	督查内容	督查依据	完成标记
试验调试	（1）查试验设备是否检测合格，试验人员是否具有试验专业知识，是否有两人及以上进行试验	《国家电网公司电力建设安全工作规程　第1部分：变电》（Q/GDW 11957.1—2020）第11.14.1.1、11.14.2.1条	
	（2）查试验及被试设备是否可靠接地，线路参数测试、耐压试验（一次设备、高压电缆）及传动试验时是否设置安全围栏并设专人监护	《国家电网公司电力建设安全工作规程　第1部分：变电》（Q/GDW 11957.1—2020）第11.14.2.2、11.14.2.3条	

安全督查标准工作卡 10-5
（基建变电施工—改扩建施工）

督查项目	督查内容	督查依据	完成标记
改扩建施工	（1）查工作区域是否设置安全围栏并悬挂警示标志	《国家电网公司电力建设安全工作规程　第1部分：变电》（Q/GDW 11957.1—2020）第12.1.1.2、12.3.3.3条	

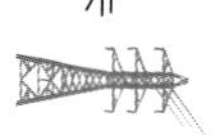

续表

督查项目	督查内容	督查依据	完成标记
改扩建施工	（2）查工作票使用是否规范，人员、设备、机械等是否与带电体保持足够的安全距离，机械、设备外壳是否可靠接地	《国家电网公司电力建设安全工作规程　第1部分：变电》（Q/GDW 11957.1—2020）第12.1.3、12.1.4、12.1.5、12.2.3、12.3.2条	
	（3）查临近带电体施工是否有专人监护，运行盘柜内施工是否采取隔离措施，现场施工是否有防感应电措施	《国家电网公司电力建设安全工作规程　第1部分：变电》（Q/GDW 11957.1—2020）第12.2.1、12.4.3、12.4.1条	

安全督查标准工作卡 10-6
（基建变电施工—施工用电）

督查项目	督查内容	督查依据	完成标记
施工用电	（1）查是否按方案进行施工，安装、运行、维护是否有具有资质的专业电工负责，是否有定期检查记录	《国家电网公司电力建设安全工作规程　第1部分：变电》（Q/GDW 11957.1—2020）第6.5.1条	
	（2）查电源箱是否坚固，外壳接地是否可靠，是否具有防火、防雨功能	《国家电网公司电力建设安全工作规程　第1部分：变电》（Q/GDW 11957.1—2020）第6.5.4条	
	（3）查线路的材质、走向、埋深等是否符合要求，电缆接头是否有防水和防触电措施	《国家电网公司电力建设安全工作规程　第1部分：变电》（Q/GDW 11957.1—2020）第6.5.4条	
	（4）查配电箱的停、送电的顺序是否正确，剩余电流动作保护器是否符合要求	《国家电网公司电力建设安全工作规程　第1部分：变电》（Q/GDW 11957.1—2020）第6.5.6条	

安全督查标准工作卡 11-1
（装表接电—电能表、采集终端安装）

督查项目	督查内容	督查依据	完成标记
电能表、采集终端安装	（1）查工具的外裸导电部位是否采取绝缘措施	《国家电网有限公司关于规范营销现场作业安全管理的指导意见》（国家电网营销〔2020〕29号）第22.1.1条	
	（2）查弱电控制回路处理时，是否有绝缘包裹等可靠的防止短路措施	《国家电网有限公司关于规范营销现场作业安全管理的指导意见》（国家电网营销〔2020〕29号）第22.1.3条	

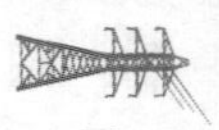

续表

督查项目	督查内容	督查依据	完成标记
电能表、采集终端安装	（3）查接线回路是否采用标准统一的联合接线盒，防止接线压错端子，防止留下电压回路短路或电流回路开路隐患	《国家电网有限公司关于规范营销现场作业安全管理的指导意见》（国家电网营销〔2020〕29号）第22.1.2条	
	（4）查计量箱（柜）孔洞、空隙是否使用防火材料（防火泥、防火板）严密封堵	《国家电网公司计量现场施工质量工艺规范》（营销计量〔2016〕16号）第3.1.6条	
	（5）查导线进出计量箱（柜）时，是否做好密封和防止绝缘磨损的措施	《国家电网公司计量现场施工质量工艺规范》（营销计量〔2016〕16号）第4.4.3条	
	（6）查计量现场施工的接地是否符合要求	《国家电网公司计量现场施工质量工艺规范》（营销计量〔2016〕16号）第6.1条	

安全督查标准工作卡 11-2
（装表接电—电能表、采集终端装拆及故障处理）

督查项目	督查内容	督查依据	完成标记
电能表、采集终端装拆及故障处理	（1）查分支箱开关是否悬挂“禁止合闸，有人工作”标识牌	《国家电网有限公司关于规范营销现场作业安全管理的指导意见》（国家电网营销〔2020〕29号）第22.2.1条	
	（2）查工具的外裸导电部位是否采取绝缘措施	《国家电网有限公司关于规范营销现场作业安全管理的指导意见》（国家电网营销〔2020〕29号）第22.2.2条	
	（3）查带电更换计量装置时是否首先在接线盒处采取防止电流互感器开路、电压互感器短路的措施	《国家电网公司电力安全工作规程　第8部分：配电部分》（国家电网安质〔2014〕265号）第7.4.1条	

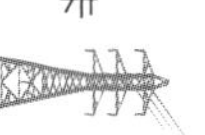

安全督查标准工作卡 11-3
（装表接电—电能表现场检验）

督查项目	督查内容	督查依据	完成标记
电能表现场检验	（1）查临时电源使用是否规范	《国家电网有限公司关于规范营销现场作业安全管理的指导意见》（国家电网营销〔2020〕29号）第22.3.2条	
	（2）查现场检验仪是否在试验周期内	《电能计量装置技术管理规程》（DL/T 448—2016）第8.3条	

安全督查标准工作卡 11-4
（装表接电—互感器现场检验）

督查项目	督查内容	督查依据	完成标记
互感器现场检验	（1）查连接试验线前，仪器外壳可靠接地，是否确认测量回路与线路可靠连接	《国家电网有限公司关于规范营销现场作业安全管理的指导意见》（国家电网营销〔2020〕29号）第22.4.1条	
	（2）查试验人员是否站在绝缘垫上	《国家电网有限公司关于规范营销现场作业安全管理的指导意见》（国家电网营销〔2020〕29号）第22.4.2条	
	（3）查解除接线前是否充分放电	《国家电网有限公司关于规范营销现场作业安全管理的指导意见》（国家电网营销〔2020〕29号）第22.4.3条	

安全督查标准工作卡 11-5
（装表接电—电能计量装置二次回路检测）

督查项目	督查内容	督查依据	完成标记
电能计量装置二次回路检测	（1）查校验仪从机位置是否安排专人监护。检测人员是否戴绝缘手套、使用绝缘工具	《国家电网有限公司关于规范营销现场作业安全管理的指导意见》（国家电网营销〔2020〕29号）第22.5.1条	
	（2）查是否严格执行监护制度，是否检查确认接线正确、规范	《国家电网有限公司关于规范营销现场作业安全管理的指导意见》（国家电网营销〔2020〕29号）第22.5.2条	

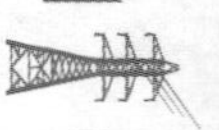

安全督查标准工作卡 12
（业扩报装）

督查项目	督查内容	督查依据	完成标记
现场中间检查	查受电设施问题隐患整改的闭环管理，是否存在客户接地、防雷、电缆沟等隐蔽工程中间检查未合格，即开展后续工程施工	《国家电网有限公司关于规范营销现场作业安全管理的指导意见》（国家电网营销〔2020〕29 号）第 24.1.1、24.1.2 条	
现场竣工验收	（1）查多电源供电客户采取的防止反送电技术措施是否到位	《国家电网有限公司关于规范营销现场作业安全管理的指导意见》（国家电网营销〔2020〕29 号）第 24.2.1 条	
	（2）查竣工验收前，《客户业扩报装现场作业安全控制卡》填写是否规范	《国家电网有限公司关于规范营销现场作业安全管理的指导意见》（国家电网营销〔2020〕29 号）第 24.2.1 条	
	（3）查设备是否符合“五防”要求	《国家电网有限公司关于规范营销现场作业安全管理的指导意见》（国家电网营销〔2020〕29 号）第 24.2.2 条	
	（4）查现场人员是否熟悉增（减）容客户现场设备接线，是否掌握设备带电情况	《国家电网有限公司关于规范营销现场作业安全管理的指导意见》（国家电网营销〔2020〕29 号）第 24.2.3 条	
现场停（送）电	查是否未确认客户受电设备状态进行停（送）电，双电源及自备应急电源与电网电源之间切换装置是否可靠	《国家电网有限公司关于规范营销现场作业安全管理的指导意见》（国家电网营销〔2020〕29 号）第 24.3.1 条	

安全督查标准工作卡 13-1
（通信检修施工—管道光缆检修施工）

督查项目	督查内容	督查依据	完成标记
管道光缆检修施工	（1）查在竖井、沟道、夹层等内敷设光缆（纤）时，是否有防止光缆（纤）损伤的防护措施	《国家电网公司电力安全工作规程　电力通信部分（试行）》（国家电网安质〔2018〕396 号）第 7.3 条	
	（2）查进入电缆井、电缆隧道等有限空间工作前，是否“先通风、再检测、后作业”	《国家电网公司电力安全工作规程　线路部分》（Q/GDW 1799.2—2013）第 15.2.1.11 条	

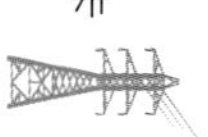

续表

督查项目	督查内容	督查依据	完成标记
管道光缆检修施工	（3）查电缆井井盖、电缆沟盖板等开启后，是否设置路栏，是否派人看守。作业人员撤离后，是否立即将井盖盖好	《国家电网公司电力安全工作规程　线路部分》（Q/GDW 1799.2—2013）第 15.2.1.10 条	
	（4）查电缆井、隧道内工作时，通风是否保持常开。在通风不良的电缆隧（沟）内进行长时间作业时，是否携带便携式有害气体测试仪及自救呼吸器	《国家电网公司电力安全工作规程　线路部分》（Q/GDW 1799.2—2013）第 15.2.1.11 条	

安全督查标准工作卡 13-2
（通信检修施工—架空光缆检修施工）

督查项目	督查内容	督查依据	完成标记
架空光缆检修施工	（1）查光缆接头盒、余缆及余缆架是否有踩踏现象，查光缆上是否堆放重物	《国家电网公司电力安全工作规程　电力通信部分（试行）》（国家电网安质〔2018〕396 号）第 7.5 条	
	（2）查高处作业人员是否正确使用安全带并采取防高处坠落的防护措施	《国家电网公司电力安全工作规程　线路部分》（Q/GDW 1799.2—2013）第 9.2.4 条	
	（3）查光缆接续工作现场是否装设围栏、围网、标识牌	《国家电网公司电力安全工作规程　电力通信部分（试行）》（国家电网安质〔2018〕396 号）第 7.8 条	

安全督查标准工作卡 13-3
（通信检修施工—通信电源检修施工）

督查项目	督查内容	督查依据	完成标记
通信电源检修施工	（1）查拆接负载电缆前，是否将电源输出开关断开	《国家电网公司电力安全工作规程　电力通信部分（试行）》（国家电网安质〔2018〕396 号）第 9.1.2 条	
	（2）查现场裸露电缆线头是否做好绝缘处理	《国家电网公司电力安全工作规程　电力通信部分（试行）》（国家电网安质〔2018〕396 号）第 9.1.4 条	
	（3）查安装或拆除蓄电池的工器具是否经过绝缘处理，是否将蓄电池正负极短接	《国家电网公司电力安全工作规程　电力通信部分（试行）》（国家电网安质〔2018〕396 号）第 9.3.2 条	

安全督查标准工作卡 13-4
（通信检修施工—通信设备检修施工）

督查项目	督查内容	督查依据	完成标记
通信设备检修施工	（1）查拔插设备板卡时，是否正确佩戴防静电手环，是否带连接线拔插板件、强行拔插。查现场备用或拔出板卡是否使用防静电包装	《国家电网公司电力安全工作规程　电力通信部分（试行）》（国家电网安质〔2018〕396号）第6.3条	
	（2）查应急电力通信车调试、使用前及使用中是否良好接地	《国家电网公司电力安全工作规程　电力通信部分（试行）》（国家电网安质〔2018〕396号）第6.10条	
	（3）查在检修屏（柜）上进行工作时，是否将相邻的运行屏（柜）用围栏（红幔布等）隔离（遮挡），是否在工作地点设置“在此工作！”标识牌	《国家电网公司电力安全工作规程　变电部分》（Q/GDW 1799.1—2013）第7.5.3、7.5.6条	

安全督查标准工作卡 14-1
（小型基建—用电管理）

督查项目	督查内容	督查依据	完成标记
用电管理	（1）查现场是否设置总配电箱、分配电箱、开关箱，实行三级配电	《建设工程施工现场供用电安全规范》（GB 50194—2014）第6.1.1条	
	（2）查配电箱（柜）其结构是否具备防火、防雨功能，安全警告标志和安全色标识是否符合规范	《建设工程施工现场供用电安全规范》（GB 50194—2014）第12.0.7条	
	（3）查各级用电安全负责人是否明确，施工作业人员是否严格执行临时用电安全施工技术措施	《建设工程施工现场供用电安全规范》（GB 50194—2014）第12.0.1.3条	
	（4）查施工用电设施的安装、运行、维护是否由专业电工负责，施工用电设施是否定期检查并记录	《施工现场临时用电安全技术规范》（JGJ 46—2005）第3.3.1.7、3.3.1.8条	
	（5）查消防等重要负荷是否由总配电箱专用回路直接供电，是否接入过负荷保护和剩余电流保护器	《建设工程施工现场供用电安全规范》（GB 50194—2014）第6.1.3条	
	（6）查电机、变压器、照明灯具等I类电气设备的金属外壳、基础型钢与该电气设备连接的金属构架及靠近带电部分的金属围栏，电缆的金属外皮和电力线路的金属保护管、接线盒、配电箱是否可靠接地	《建设工程施工现场供用电安全规范》（GB 50194—2014）第8.1.6条	
	（7）查室外220V灯具距地面是否大于3m，室内220V灯具距地面是否大于2.5m	《施工现场临时用电安全技术规范》（JGJ 46—2005）第10.3.2条	

安全督查标准工作卡 14-2
（小型基建—土石方作业）

督查项目	督查内容	督查依据	完成标记
土石方作业	（1）查土石方作业时是否采取防塌方、防水措施	《建筑施工土石方工程安全技术规范》（JGJ 180—2009）第 6.3.2、6.3.4 条	
	（2）查土石方挖掘施工区域是否设围栏及安全警示标志，夜间是否挂警示灯，坑口、沟槽等坑边堆土、护坡措施是否到位	《建筑施工土石方工程安全技术规范》（JGJ 180—2009）第 6.2.1 条	
	（3）查人工开挖时，打锤与扶钎者是否存在对面工作现象，打锤者是否戴防滑手套	《建筑施工土石方工程安全技术规范》（JGJ 180—2009）第 7.2.9 条	
	（4）查基坑内是否设置供施工人员上下的专用梯道，是否设扶手栏轩，梯道的宽度是否小于 1m，梯道的搭设是否符合相关安全规范的要求	《建筑施工土石方工程安全技术规范》（JGJ 180—2009）第 6.2.2 条	

安全督查标准工作卡 14-3
（小型基建—模板作业）

督查项目	督查内容	督查依据	完成标记
模板作业	（1）查模板安装是否按照设计与施工说明书顺序拼接，模板安装是否自下而上进行，拆除模板是否按顺序分段、自上而下进行	《建筑施工模板安全技术规范》（JGJ 162—2008）第 6.1.2.1、6.1.2.1、7.1.8 条	
	（2）查模板及其支架在安装过程中，是否设置有效防倾覆的临时固定措施	《建筑施工模板安全技术规范》（JGJ 162—2008）第 6.1.2.4 条	
	（3）查吊运模板时，是否符合吊运大块或整体以及散装规定	《建筑施工模板安全技术规范》（JGJ 162—2008）第 6.1.14 条	
	（4）查支架立柱高度超过 5m 时，在立柱周围外侧和中间有结构柱的部位，是否按水平间距 6～9m，竖向间距 2～3m 与建筑结构设置一个固定点	《建筑施工模板安全技术规范》（JGJ 162—2008）第 6.2.4.6 条	

安全督查标准工作卡 14-4
（小型基建—混凝土作业）

督查项目	督查内容	督查依据	完成标记
混凝土作业	（1）查混凝土泵送时，混凝土泵支腿情况是否满足要求	《混凝土泵送施工技术规程》（JGJ/T 10—2011）第 6.2.2 条	
	（2）查混凝土浇筑完成后的回弹力是否满足标准	《大体积混凝土施工标准》（GB 50496—2018）第 5.1.2 条	
	（3）查混凝土浇筑后是否采取保温保湿养护，是否进行测试记录	《大体积混凝土施工标准》（GB 50496—2018）第 5.5.1.1 条	

安全督查标准工作卡 14-5
（小型基建—脚手架作业）

督查项目	督查内容	督查依据	完成标记
脚手架作业	（1）查脚手架搭设和拆除是否由专人负责，是否持证上岗	《建筑施工脚手架安全技术统一标准》（GB 51210—2016）第 11.1.3 条	
	（2）查脚手架使用前是否经监理、施工项目部验收合格，是否悬挂验收合格牌	《建筑施工脚手架安全技术统一标准》（GB 51210—2016）第 10.0.1、11.1.1 条； 《建设工程安全生产管理条例》（国务院令第 393 号）第三十五条	
	（3）查脚手架基础是否夯实硬化，基础横向向外是否有排水坡度，是否坚实平整、排水畅通、不晃动、不沉降、立杆不悬空	《建筑施工脚手架安全技术统一标准》（GB 51210—2016）第 9.0.3 条	
	（4）查脚手架是否设置纵横向扫地杆，立杆底端是否设有垫板，底层步距是否大于 2m；架体高度大于 4m 时，是否用刚性连墙件与建筑物可靠连接	《建筑施工脚手架安全技术统一标准》（GB 51210—2016）第 8.2.1、8.2.2 条	
	（5）查搭设和拆除脚手架操作人员是否带个人防护用品、穿防滑鞋	《建筑施工脚手架安全技术统一标准》（GB 51210—2016）第 11.1.4 条	
	（6）查搭设和拆除脚手架时，是否设置安全警戒线、警示标志，是否设专人监护	《建筑施工脚手架安全技术统一标准》（GB 51210—2016）第 11.2.9 条	

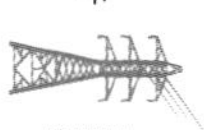

续表

督查项目	督查内容	督查依据	完成标记
脚手架作业	(7) 查作业脚手架是否设置竖向剪刀撑，是否符合相应规定	《建筑施工脚手架安全技术统一标准》(GB 51210—2016) 第 8.2.3 条	
	(8) 查是否将支撑脚手架、缆风绳等固定在作业脚手架上，在作业脚手架上是否悬挂起重设备	《建筑施工脚手架安全技术统一标准》(GB 51210—2016) 第 11.2.2 条	
	(9) 查六级以上大风等特殊情况后，是否对脚手架进行检查，是否确认合格后使用	《建筑施工脚手架安全技术统一标准》(GB 51210—2016) 第 11.1.6 条	

安全督查标准工作卡 14-6
(小型基建—塔吊作业)

督查项目	督查内容	督查依据	完成标记
塔吊作业	(1) 查塔基基础及塔基主体是否经检验检测、试验合格，是否符合相关要求	《塔式起重机安全规程》(GB 5144—2006) 第 10.6、10.7、10.8 条	
	(2) 查梯子高度超过 10m 时是否有休息小平台	《塔式起重机安全规程》(GB 5144—2006) 第 4.4.6 条	
	(3) 查司机室内是否设置安全锁止装置，是否配备符合要求的灭火器	《塔式起重机安全规程》(GB 5144—2006) 第 4.6.2、4.6.3 条	
	(4) 查塔机起升钢丝绳是否使用不旋转钢丝绳，未采用不旋转钢丝绳的，其绳端是否设有防扭装置	《塔式起重机安全规程》(GB 5144—2006) 第 4.6.2、5.2.4 条	
	(5) 查塔机电源进线处是否用主隔离开关或采取其他隔离措施，查隔离开关是否有明显的标记	《塔式起重机安全规程》(GB 5144—2006) 第 4.6.2、8.3.3 条	

安全督查标准工作卡 14-7
（小型基建—高处作业）

督查项目	督查内容	督查依据	完成标记
高处作业	（1）查是否分类别对安全防护设施进行检查、验收，是否做验收记录	《建筑施工高处作业安全技术规范》（JGJ 80—2016）第 3.0.2 条	
	（2）查高处作业人员是否根据作业的实际情况配备相应的高处作业安全防护用品，是否按规定正确佩戴和使用相应的安全防护用品、用具	《建筑施工高处作业安全技术规范》（JGJ 80—2016）第 3.0.5 条	
	（3）查施工作业现场可能坠落的物料，是否及时拆除或采取固定措施。高处作业所用的物料是否堆放平稳，是否妨碍通行和装卸	《建筑施工高处作业安全技术规范》（JGJ 80—2016）第 3.0.6 条	
	（4）查在通道处使用梯子作业时，是否有专人监护或设置围栏；使用单梯时梯面应与水平面是否成 75°夹角，踏步是否缺失，是否垫高使用	《建筑施工高处作业安全技术规范》（JGJ 80—2016）第 5.1.3、5.1.5 条	
	（5）查操作平台的临边是否设置防护栏杆，单独设置的操作平台是否设置供人上下、踏步间距不大于 400mm 的扶梯，操作平台使用中是否进行定期检查	《建筑施工高处作业安全技术规范》（JGJ 80—2016）第 6.1.3、6.1.5 条	
	（6）查在雨、霜、雾、雪等天气进行高处作业时，是否采取防滑、防冻和防雷措施，是否及时清除作业面上的水、冰、雪、霜	《建筑施工高处作业安全技术规范》（JGJ 80—2016）第 3.0.8 条	

安全督查标准工作卡 14-8
（小型基建—安全网搭设）

督查项目	督查内容	督查依据	完成标记
安全网搭设	（1）查安全防护网搭设时，是否每隔 3m 设一根支撑杆，支撑杆水平夹角是否小于 45°。当在楼层设支撑杆时，是否预埋钢筋环或在结构内外侧各设一道横杆，安全防护网是否外高里低，网与网之间是否拼接严密	《建筑施工高处作业安全技术规范》（JGJ 80—2016）第 7.2.2 条	
	（2）查施工升降机、龙门架和井架物料提升机等在建筑物间设置的停层平台两侧边，是否设置防护栏杆、挡脚板，是否采用密目式安全立网或工具式栏板封闭	《建筑施工高处作业安全技术规范》（JGJ 80—2016）第 4.1.1、4.1.4 条	
	（3）查洞口作业时，是否采取防坠落措施。查临边作业的防护栏杆安装与标准是否符合规定	《建筑施工高处作业安全技术规范》（JGJ 80—2016）第 4.1.1、4.2.1、4.3 条	

附录E　安全督查常用参考文件

序号	文件名	备注
一	安全监督专业	
1	国家电网有限公司关于印发《国家电网有限公司安全事故调查规程》的通知	国家电网安监〔2020〕820号
2	国网安监部关于补充修改公司《安全事故调查规程》有关条款的通知	安监一〔2021〕24号
3	国家电网公司电力安全工作规程　变电部分	Q/GDW 1799.1—2013
4	国家电网公司电力安全工作规程　线路部分	Q/GDW 1799.2—2013
5	国家电网有限公司电力建设安全工作规程　第1部分：变电	Q/GDW 11957.1—2020
6	国家电网有限公司电力建设安全工作规程　第2部分：线路	Q/GDW 11957.2—2020
7	《国家电网公司电力安全工作规程　第8部分：配电部分》	Q/GDW 10799.8—2023
8	国家电网有限公司关于印发《国家电网有限公司营销现场作业安全工作规程（试行）》的通知	国家电网营销〔2020〕480号
9	国家电网公司电力安全工作规程　电力监控部分	国家电网安质〔2018〕396号
10	国家电网公司电力安全工作规程　电力通信部分	国家电网安质〔2018〕396号
11	国家电网公司电力安全工作规程　信息部分	国家电网安质〔2018〕396号
12	国家电网有限公司电力安全工作规程　第7部分：调相机部分	Q/GDW 10799.7—2020
13	国家电网有限公司生产作业安全管控标准化工作规范（试行）的通知	国家电网安质〔2016〕356号
14	国网河南省电力公司关于印发《国网河南省电力公司工作票操作票管理规定（2017年）》的通知	豫电安〔2017〕819号
15	国家电网有限公司"四个管住"工作的指导意见	国网安委办〔2020〕23号
16	国家电网公司"四个管住"工作评价方案	国网安委办〔2021〕12号
17	国家电网公司安全管控中心工作规范	安监二〔2019〕60号
18	国家电网公司安全管控中心工作手册	安监二〔2021〕17号
19	国家电网有限公司现场安全督查工作手册	安监二〔2021〕8号
20	国家电网有限公司安全生产反违章工作管理办法	安监二〔2021〕26号
21	国家电网有限公司关于加大安全生产违章惩处力度的通知	国家电网安监〔2021〕418号

续表

序号	文件名	备注
22	国家电网有限公司关于进一步加大安全生产违章惩处力度的通知	国家电网安监〔2022〕106 号
23	国网安监部关于追加严重违章条款的通知	安监二〔2022〕16 号
24	国网安监部关于印发严重违章释义的通知	安监二〔2022〕33 号
25	国网安委办关于进一步加强反违章工作管理的通知	国网安委办〔2022〕22 号
26	国网安监部关于规范工作票（作业票）管理工作的通知	安监二〔2022〕37 号
27	国网安委办关于进一步明确远程视频查纠违章申诉机制的通知	国网安委办〔2022〕13 号
28	国家电网有限公司作业安全风险管控工作规定	安监二〔2021〕26 号
29	关于调整公司生产作业风险分级标准及管控要求的通知	通知
30	国家电网有限公司现场安全督查工作规范（试行）	安监二〔2019〕60 号
31	国家电网有限公司安全准入工作规范（试行）	安监二〔2019〕60 号
32	国网安委办关于开展作业风险公示的通知	国网安委办〔2020〕6 号
33	国网安委办关于建立安全风险告警机制的通知	国网安委办〔2020〕8 号
34	国家电网有限公司业务外包安全监督管理办法	安监二〔2021〕26 号
35	国家电网有限公司有限空间作业安全工作规定	安监二〔2021〕25 号
36	国家电网有限公司工程监理安全监督管理办法	安监二〔2021〕26 号
37	国家电网公司关于规范领导干部和管理人员生产现场到岗到位工作的指导意见	国家电网安质〔2018〕22 号
38	国家电网有限公司关于进一步加强生产现场作业风险管控工作的通知	国家电网设备〔2022〕89 号
39	国家电网公司关于印发生产现场作业“十不干”的通知	国家电网安质〔2018〕21 号
40	国网基建部关于印发输变电工程建设施工安全强制措施（2021 年修订版）的通知（三算四验五禁止）	基建安质〔2021〕40 号
41	国网河南省电力公司“四个管住”工作规范（试行）	豫电安监〔2021〕293 号
42	国网河南省电力公司安全管控中心工作细则（试行）	河南（安监）A001—2020
43	国网河南省电力公司现场安全督查工作规范实施细则（试行）	
44	国网河南省电力公司安全生产反违章工作实施细则（2022 版）	豫电安监〔2022〕170 号
45	国网河南省电力公司安全风险管控督查工作规范	豫电安监〔2020〕247 号
46	国网河南省电力公司关于规范Ⅰ级生产作业风险管控工作的通知	豫电安监〔2022〕94 号
47	国网河南省电力公司作业现场变更安全管理工作规范	豫电安监〔2022〕117 号
48	国网河南省电力公司关于加强“小、散、临”作业安全管控的通知	豫电安监〔2022〕244 号

续表

序号	文件名	备注
49	国网河南省电力公司关于规范领导干部和管理人员作业现场到岗到位工作的意见	豫电安监〔2020〕295 号
50	河南省电力公司关于印发电网建设施工现场作业人员安全提醒口诀的通知	豫电安监〔2020〕482 号
51	国网河南省电力公司关于进一步加强人身安全风险管控的通知	豫电安监〔2021〕175 号
52	国网设备部关于进一步强化生产现场作业风险防控的通知	设备技术〔2022〕75 号
53	国网河南省电力公司安监部关于加强依法合规安全培训取证工作的通知	通知
54	国网河南省电力公司加强安全督查和应急值班工作措施（试行）	豫电安监〔2022〕427 号
二	工器具、特种设备、施工机具安全管理	
55	国家电网有限公司电力安全工器具管理规定	安监二〔2021〕26 号
56	国家电网有限公司特种设备安全管理办法	安监三〔2021〕29 号
57	国家电网有限公司电力建设起重机械安全监督管理办法	安监二〔2021〕26 号
58	输电线路施工机具现场监督检验规范	Q/GDW 11591—2016
59	国网设备部关于加强换流站（变电站）高空作业车运维管理工作的通知	设备直流〔2022〕72 号
三	基建安全	
60	电力建设工程施工安全监督管理办法	国家发展和改革委员会令第 28 号
61	建筑工程施工许可管理办法	住房和城乡建设部令第 42 号
62	国家电网公司关于印发“深化基建队伍改革、强化施工安全管理”有关配套政策的通知	国家电网基建〔2017〕1056 号
63	国网输变电工程建设施工作业层班组建设标准化手册	（2021 版）
64	国家电网有限公司关于全面推进输变电工程施工作业层班组标准化建设的通知	国家电网基建〔2019〕517 号
65	输变电工程建设安全文明施工规程	（2021 版）
66	输变电工程建设施工安全风险管理规程	（2021 版）
67	国家电网有限公司输变电工程建设安全管理规定	国家电网企管〔2021〕89 号
68	国家电网有限公司输变电工程施工分包安全管理办法	国网（基建/3）181—2019
69	输变电工程建设施工安全风险管理规程（简版）	Q/GDW 12152—2021
70	国网基建部关于进一步加强输变电工程吊车、抱杆等起重设备使用管理的通知	基建安质〔2020〕41 号
71	国网基建部关于进一步加强输电线路基础深基坑作业安全风险管控的通知	基建安质〔2019〕48 号

续表

序号	文件名	备注
72	国家电网公司架空输电线路施工专用货运索道技术管理要求	
73	货运架空索道安全规范	GB 12141—2008
74	变电工程落地式钢管脚手架施工安全技术规范	国家电网企管〔2016〕987 号
75	国家电网公司业主项目部标准化管理手册	(2013 版)
76	国网基建部关于进一步加强电网建设近电作业安全管理的通知	基建安全〔2022〕40 号
77	国网安质部关于加强输变电工程施工安全风险预警管控工作的通知	安质二〔2016〕30 号
78	国家电网公司关于印发国家电网公司输变电工程施工安全风险预警管控工作规范（试行）的通知	国家电网安质〔2015〕972 号
79	国家电网有限公司关于印发《国家电网有限公司基建安全管理体系预警及考核办法（试行）》的通知	国家电网企管〔2020〕249
80	国网河南省电力公司办公室关于印发输变电工程施工机械化管理手册（试行）的通知	办建设〔2021〕48 号
四	运检安全	
81	国家电网有限公司十八项电网重大反事故措施（修订版）	国家电网设备〔2018〕979 号
82	国家电网公司关于全面落实反事故措施的通知	国家电网运检〔2017〕378 号
83	国家电网架空输电线路“三跨”重大反事故措施（试行）	国家电网运检〔2016〕413 号
84	国家电网有限公司十八项电网重大反事故措施排查工作方案	国家电网设备〔2019〕334 号
85	国家电网有限公司防止电气误操作安全管理规定	国家电网安监〔2018〕1119 号
86	国家电网有限公司关于开展防止电气误操作专项行动的通知	国家电网安监〔2019〕231 号
五	配电网安全	
87	国家电网公司关于加强配电网建设改造工程安全工作的通知	国家电网安质〔2016〕26 号
88	国网设备部关于印发配网作业现场安全管控补充措施的通知	设备配电〔2022〕88 号
89	国家电网公司关于加强配电网建设改造工程安全工作的通知	国家电网安质〔2016〕26 号
六	营销安全	
90	重要电力用户供电电源及自备应急电源配置技术规范	GB/T 29328—2018
91	国网公司关于规范营销现场作业安全管理的指导意见	国家电网营销〔2020〕29 号
92	国网公司重大活动客户侧保电工作规范（试行）	营销客户〔2019〕35 号
93	电动汽车充换电设施建设安全管理实施细则（试行）	营销智用〔2019〕14 号
94	电动汽车充换电设施运维安全管理实施细则（试行）	营销智用〔2019〕14 号

续表

序号	文件名	备注
95	电动汽车充换电网络信息安全管理实施细则（试行）	营销智用〔2019〕14 号
96	国网河南省电力公司关于印发营销主要作业内容（场景）作业票执行规范（试行）的通知	豫电营销〔2022〕428 号
97	国网河南省电力公司关于印发《营销现场作业安全手册（试行）》的通知	豫电营销〔2022〕429 号

附录F 违章整改通知单模板

违章通知单（远程督查）

编号：××安全督查中心202×年第×××号

国网××供电公司安全督查中心　　　　202×年××月××日（通知单下发日期）

<table>
<tr><td>检查项目</td><td colspan="3">计划编号：×××××（安全风险管控监督平台日计划编号）
作业内容：×××××（安全风险管控监督平台日计划作业内容，内容可精炼，体现出作业地点、内容）</td></tr>
<tr><td>检查时间</td><td colspan="3">202×年××月××日（违章查纠日期）</td></tr>
<tr><td>检查方式</td><td colspan="3">远程督查</td></tr>
<tr><td>主送单位/部门</td><td colspan="3">国网××供电公司/×××部</td></tr>
<tr><td>建管单位：×××</td><td>施工单位：××××</td><td>监理单位：××××</td><td>分包单位：××××</td></tr>
<tr><td>序号</td><td colspan="2">发现问题</td><td>违反条款</td></tr>
<tr><td rowspan="2">1</td><td colspan="2">××××。（正确描述违章内容）</td><td>《×××安全工作规程》12.3.9 ×××××。（明确违章条款，必须明确文件、条文序号、条文内容）</td></tr>
<tr><td colspan="3">（违章佐证图片）</td></tr>
<tr><td rowspan="2">2</td><td colspan="2">××××。（止确描述违章内容）</td><td>《×××安全工作规程》11.1.1 ×××××。（明确违章条款，必须明确文件、条文序号、条文内容）</td></tr>
<tr><td colspan="3">（违章佐证图片）</td></tr>
<tr><td>整改要求</td><td colspan="3">请对违章问题进行检查核实，如有申诉意见，应在收到《违章通知单》3小时内通过安全风险管控监督平台反馈证明材料和《违章申诉单》至公司安全督查中心。其中，一般违章应由地市供电公司级专业管理部门、安监部门负责人签字盖章；严重违章应同时由地市供电公司级专业分管领导签字（重复发生的严重违章应由地市公司级主要负责人签字）。过时未反馈视为无异议。
经查证的违章要立即组织整改。无法立即整改的，要采取应急管控手段。《整改反馈单》通过安全风险管控监督平台报公司安全督查中心备案。（公司违章查纠申诉和反馈要求，各单位可借鉴修改，形成本单位整改要求）</td></tr>
<tr><td>惩处要求或意见</td><td colspan="3">违章类别：Ⅰ类严重违章/Ⅱ类严重违章/Ⅲ类严重违章/一般违章，请按照公司反违章有关规定，明确违章人员，落实惩处</td></tr>
</table>

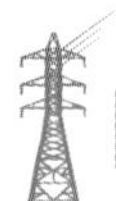

违章申诉单（样例）

<table>
<tr><td>计划编号</td><td></td><td>违章通知单编号</td><td></td></tr>
<tr><td>作业内容</td><td></td><td>地市供电公司级单位</td><td></td></tr>
<tr><td>序号</td><td>问题描述</td><td>申诉理由及依据条款</td><td>佐证材料</td></tr>
<tr><td>1</td><td></td><td></td><td></td></tr>
<tr><td>2</td><td></td><td></td><td></td></tr>
<tr><td>3</td><td></td><td></td><td></td></tr>
<tr><td>专业管理部门意见</td><td colspan="3">专业管理部门负责人签名：
（盖章）
年 月 日</td></tr>
<tr><td>安监部门意见</td><td colspan="3">安监部门负责人签名：
（盖章）
年 月 日</td></tr>
<tr><td>专业分管领导意见</td><td colspan="3">领导签名：
年 月 日</td></tr>
<tr><td>申诉结果</td><td colspan="3">安全督查中心签名：
年 月 日</td></tr>
</table>

联系人： 单位： 姓名： 联系方式：

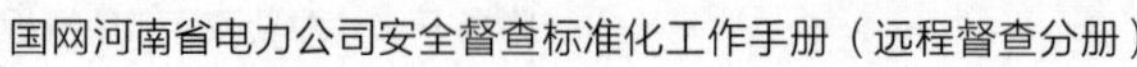

整改反馈单（样例）

编号：××安全督查中心××年第××号

××××公司　　　　　　　　　　　　　　　　××××年××月××日

<table>
<tr><td colspan="2">受检项目</td><td colspan="4">计划编号—计划内容（作业风险等级）</td></tr>
<tr><td colspan="2">受检时间</td><td colspan="4">××××年××月××日</td></tr>
<tr><td colspan="2">受检方式</td><td colspan="4">国网××公司安全督查中心远程督查</td></tr>
<tr><td colspan="2">主送单位</td><td colspan="4">国网×××公司/××部（违章稽查单位/部门）</td></tr>
<tr><td>序号</td><td>被查问题</td><td>整改措施</td><td>责任单位（部门）</td><td>责任人</td><td>整改情况</td></tr>
<tr><td>1</td><td></td><td>1.……
2.……</td><td></td><td></td><td></td></tr>
<tr><td rowspan="3">2</td><td rowspan="3"></td><td>1.……
2.……</td><td>单位 1</td><td></td><td></td></tr>
<tr><td>3.……
4.……</td><td>单位 2</td><td></td><td></td></tr>
<tr><td>5.……</td><td>单位 3</td><td></td><td></td></tr>
<tr><td>编制</td><td></td><td>审核</td><td></td><td>审定</td><td></td></tr>
<tr><td>联系人</td><td colspan="2"></td><td>电话</td><td colspan="2"></td></tr>
</table>

附录G 国网××供电公司督查工作日报

值班员：×××、××× 2022年××月××日

一、总体情况

今日××公司计划实施作业×××项，实际执行××项，取消××项，计划取消的主要原因是××××。

实际执行的作业计划中，二级作业风险××项，三级作业风险××项，五级电网风险××项。今日开展督查××次（市县合计），查纠违章××项（市县合计），其中，严重违章××项，一般违章××项。

二、今日督查情况

1. 违章查纠情况

××市供电公司安全督查中心和安全督查队今日开展督查××次，查处违章××项，其中严重违章××项（具体描述），一般违章××项。查处违章详情见附件1，督查详情见附件2。

所属县供电公司级安全督查中心和安全督查队今日开展督查××次，查处违章××项，其中严重违章××项（具体描述），一般违章××项。

序号	名称	督查次数	严重违章查处	一般违章查处
1	××市供电公司安全督查中心	××	××	××
	××市供电公司安全督查队	××	××	××
2	××县供电公司安全督查中心	××	××	××
	××县供电公司安全督查队	××	××	××
3	××县供电公司安全督查中心	××	××	××
	××县供电公司安全督查队	××	××	××
4	××县供电公司安全督查中心	××	××	××
	××县供电公司安全督查队	××	××	××

2. 领导班子督查情况

今日，×××总经理/副总经理到安全督查中心开展督查，对××××作业现场开展检查（作业计划编号××××），发现违章××项/未发现问题。

本单位及所属单位督查中心领导班子到岗督查详情如下。

序号	单位名称	到岗督查领导	职位	到岗督查时段
1	××市供电公司	××	××	9：00～10：00
2	××县供电公司	××	××	15：00～17：00
3	××县供电公司	××	××	
4	××县供电公司	××	××	

附本单位领导班子在督查中心开展督查的值班视频截图，截图中需体现时间、领导班子、值班员等要素。

3. 其他工作情况

本单位其他工作开展情况（选填），如平台应用情况等。

三、明日工作安排

1. 明日值班安排

明日安全督查中心计划安排值班员××人在岗，其中市级督查中心××人，县级督查中心共××人。

序号	名称	值班人数	值班员详情
1	××市供电公司安全督查中心	3	张三、李四、王五
2	××县供电公司安全督查中心	××	××、××、××
3	××县供电公司安全督查中心	××	××、××、××
4	××县供电公司安全督查中心	××	××、××、××

2. 明日督查计划

明日××公司督查中心和安全督查队计划对××项作业计划开展督查，督查安排详见附件3。

附件 1

违章查处详情（只填本级，不含下级）

序号	计划编号	工作内容	计划类型	作业风险	电网风险	督查机构	查处人	通知单编号	违章级别
1						督查中心	张三		一般违章
2						督查队	李四		Ⅲ类严重违章
3									

附件 2

督查详情（只填本级，不含下级）

序号	计划编号	工作内容	计划类型	作业风险	电网风险	督查机构	督查人	督查记录
1						督查中心	张三	查处违章一般 1 项
2						督查队	××	未发现问题
3							××	发现问题 1 项：风险等级录入错误

附件 3

明日督查计划（只填本级，不含下级）

序号	计划编号	工作内容	计划类型	作业风险	电网风险	督查机构	督查人员安排
1						督查中心	张三
2						督查队	李四
3